乡村振兴
——科技助力系列

丛书主编：袁隆平　官春云　印遇龙
　　　　　邹学校　刘仲华　刘少军

农村厕所
改建案例分析

李志榕◎编著

湖南科学技术出版社
·长沙·

图书在版编目（ＣＩＰ）数据

农村厕所改建案例分析 / 李志榕编著. — 长沙:湖南科学技术出版社，2023.5
（乡村振兴. 科技助力系列）
ISBN 978-7-5710-2041-5

Ⅰ．①农… Ⅱ．①李… Ⅲ．①农村住宅－卫生间－改建－案例－中国 Ⅳ．①TU241.4

中国国家版本馆 CIP 数据核字(2023)第 018498 号

NONGCUN CESUO GAIJIAN ANLI FENXI

农村厕所改建案例分析

编　　著：李志榕
出 版 人：潘晓山
责任编辑：任　妮
出版发行：湖南科学技术出版社
社　　址：长沙市芙蓉中路一段 416 号泊富国际金融中心
网　　址：http://www.hnstp.com
邮购联系：0731-84375808
印　　刷：湖南省汇昌印务有限公司
　　　　　（印装质量问题请直接与本厂联系）
厂　　址：长沙市望城区丁字湾街道兴城社区
邮　　编：410299
版　　次：2023 年 5 月第 1 版
印　　次：2023 年 5 月第 1 次印刷
开　　本：710mm×1000mm　1/16
印　　张：6.75
字　　数：93 千字
书　　号：ISBN 978-7-5710-2041-5
定　　价：19.00 元

（版权所有·翻印必究）

前　言

厕所是衡量文明的重要尺度，也是国家乡村建设的重要标识，厕所环境治理已成为农村环境建设首抓任务之一。

在本书中，梳理了农村厕所建筑形式与粪污处理技术、农村厕所规划与布局、农村厕所装修材料与厕具选择和农村厕所维护管理。通过农村普通公厕案例、农村旅游公厕案例、农村普通户厕案例和国内外农村厕所维护管理案例详细说明了各类技术规范和应用原则。

基于此，我们组织编写了《农村厕所改建案例分析》一书，旨在向大众科普农村厕所建设、使用、维护等厕所环境治理改善过程中的相关知识。本书采用通俗易懂的语言，生动形象的配图，概括凝练的表格详细介绍了农村厕所改革的改厕历程、厕所类型、建造与装修材料、运维管理以及不同类型的实际改厕优秀案例，进一步提出未来农村厕所环境治理建议，为农村厕所治理的参与者提供一些帮助和启迪，为更多想建好管好农村厕所的人们提供更全面的资料信息，共同建好农村厕所，努力把好事办好、实事办实。

最后，感谢国家社科基金重点项目《转型期社会治理创新视角下的农村环境治理共同体培育研究》（20ASH005）团队对农村环境治理知识的提供。

编　者
2022 年 5 月

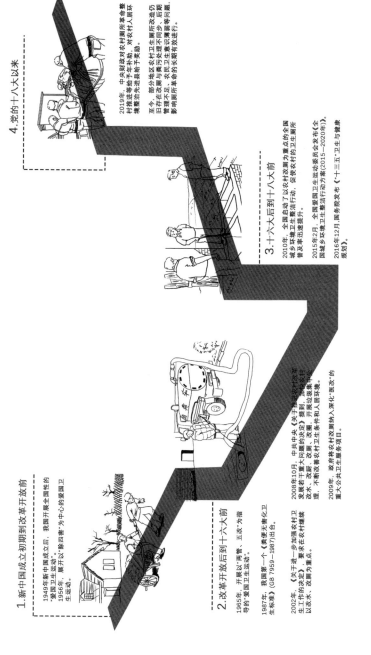

我国农村改厕历程 大事记

1. 新中国成立初期到改革开放前

1949年新中国成立后，我国开展全国性的"爱国卫生运动"。1956年，展开以"除四害"为中心的爱国卫生运动。

2. 改革开放后到十六大大前

1965年，开展以"两管、五改"为指导的"爱国卫生运动"。

1987年，我国第一个《粪便无害化卫生标准》(GB 7959-1987)出台。

2002年，《关于进一步加强农村卫生工作的决定》要求在农村继续以改水、改厕为重点。

2008年10月，中共中央《关于推进农村改革发展若干重大问题的决定》提到，加强农村改水、改厕、改圈，开展垃圾集中处理，不断改善农村卫生条件和人居环境。

2009年，政府将农村改厕纳入深化"医改"的重大公共卫生服务项目。

3. 十六大后到十八大前

2010年，全国启动了以农村改厕为重点的全国城乡环境卫生整洁行动，促使农村的卫生厕所普及率迅速提升。

2015年2月，全国爱国卫生运动委员会发布《全国城乡环境卫生整洁行动方案(2015-2020年)》，2016年12月，国务院发布《"十三五"卫生与健康规划》。

4. 党的十八大以来

2019年，中央财政对农村厕所革命整村推进进行奖补，对农村人居环境整治进行奖励。

至今，部分地区改厕与粪污处理不同步，后期管理不足，农民卫生意识薄弱等问题，影响厕所革命的长期有效进行。

常用名词解释

农村户厕：供农村家庭成员大小便的场所，由厕屋、便器、储粪池等功能部件组成。农村户厕分为附建式和独立式户厕，建在住宅内为附建式户厕，建在住宅等生活用房外为独立式户厕。

农村公厕：农村公共厕所，简称农村公厕，提供本村村民和流动人口共同使用的厕所，如在村中人口密集区、村委会，农村旅游区等地附设的厕所。

粪便无害化处理：减少、去除或杀灭粪便中的肠道致病菌、寄生虫卵等病原体，控制蚊蝇滋生，防止异味扩散，并使处理产物达到土地处理与农业资源化利用标准的处理过程。

无害化厕所：按照规范要求使用时，具备有效降低粪便中生物性致病因子传染性设施的卫生厕所，包括三格化粪池厕所、双瓮漏斗式厕所、三联通沼气池式厕所、粪尿分集式厕所、双坑交替式厕所和具有完整上下水道系统及污水处理设施的水冲式厕所。

粪便无害化处理：减少、去除或杀灭粪便中的肠道致病菌、寄生虫卵等病原体，能控制蚊蝇孳生、防止恶臭扩散，并使其处理产物达到土地处理与农业资源化利用的处理技术。

卫生厕所：达到无害化卫生要求的厕所。

目　　录

第一章　农村厕所建筑形式与粪污处理技术

随着农村改厕的深入开展，技术指导的规范化显得日益重要。本章节参照现有国家及地方农村厕所建设标准，介绍了厕所类型及粪污无害化处理技术。其中，第一节详细介绍了附建式、独立式和移动式3种厕所建筑形式，第二节详细介绍了6种无害化粪便处理技术（三格化式、双瓮漏斗式、三联通沼气池式、粪尿分集式、双坑交替式、完整上下水道水冲式），内容包括粪污处理工作原理、优缺点及施工建造流程。本章旨在指导农民在选择无害化粪污处理方式时更加清晰，修建厕所时更加规范。

第一节　农村厕所建筑形式

一、附建式农村厕所

（一）附建式公厕

附建式公厕又称附属式卫生间，是指公厕的建筑结构与其他主建筑物结构同属于一个整体，公厕嵌套建在主体建筑之内（图1-1）。考虑经济性与实用性，附建式公厕可优先考虑与村委、村民活动中心、老人活动站、卫生站等设施结合建设，供村民和途经者使用。附建式公厕在厕所规划布点上具有较大的灵活性，可根据周边人流密度，建设一定规模和数量的附建式公厕。

附建式公厕应置于主体建筑的一层，面积为20～70平方米。蹲位地面宜与厕位外通道地面齐平，若确有困难时，蹲位地面不应高于厕位外通道地面18厘米。

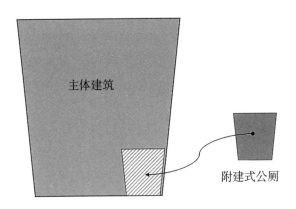

图 1-1　附建式公厕

（二）附建式户厕

农村户厕嵌套在房屋主体结构中，供农村家庭成员大小便使用，由厕屋、便器、储粪池等功能部件组成。附建式户厕的建筑卫生要求（表1-1）：厕屋面积≥1.2平方米，门窗有通风、防蝇蚊措施，人工照明≥40勒克斯，自然或机械通风（满足换气次数6次/时），陶瓷坐便器或蹲便器，坐便器高度35厘米，室内应设置洗手设施。

表 1-1　　　　　　　　　　　附建式户厕的建筑卫生要求

序号	项目	要求
1	厕屋面积/平方米	≥1.2
2	厕窗、门	有通风、防蚊蝇措施
3	人工照明/勒克斯	≥40
4	通风设施	自然或机械通风（满足换气次数6次/时）
5	便器	陶瓷坐便器或蹲便器；坐便器高度35厘米；宜设置男用小便设施
6	洗手设施	应设置洗手设施

二、独立式农村厕所

（一）独立式公厕

独立式公厕指公厕建筑结构与其他建筑物结构无关联，独立建筑于村间道路、文化广场、集贸市场、村落居住区等附近，为在这些场所活动或途经这些场所的村民提供如厕服务（图1-2）。

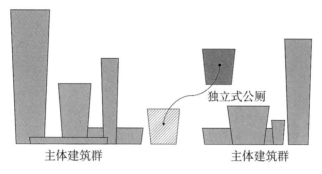

图1-2　独立式公厕

独立式公厕修建位置要明显、易找、便于粪便排入农村排水系统或便于机械抽运。独立式公厕的设计应将重点放在内部功能的完善上，如厕环境的文明、卫生、方便、适用、节水、防臭是内部功能的基本要求。在注重内部功能的前提下，做到外观与环境协调。在条件许可的情况下，可以结合周边建筑特点和当地文化，设计成具有当地特色的公厕，丰富公厕设置地点的建筑环境和文化内涵。

（二）独立式户厕

独立式户厕一般独立于农村日常居住的卧室、客厅等居住房屋，建在门前屋后，方便村民使用与管理。其建筑应符合表1-2的卫生要求。

表1-2　　　　　　　　　独立式户厕的建筑卫生要求

序号	项目	要求
1	厕屋净高/米	≥2.00
2	厕屋面积/平方米	≥1.20
3	人工照明/勒克斯	≥40
4	厕窗、门	有通风、防蚊蝇措施
5	厕屋顶	防雨、轻体，雨水不进入蓄粪池
6	通风设施	通风窗或排风扇等机械通风

续表

序号	项目	要求
7	排气管	高出厕屋 50 厘米，宜有防蝇措施
8	厕屋地面	硬化处理
9	便器	陶瓷与其他坚固、易清洁材料制坐便器、蹲便器； 蹲便器长度不宜太短，应满足粪便收集的需要（建议 50 厘米左右）； 宜设置男用小便设施
10	蓄粪池	密闭、不渗漏，容积符合同类模式厕所要求
11	卫生设施	便器盖或水封等密闭设施、专用清扫工具、盛放手纸容器等
12	洗手设施	有
13	过粪坡度	便器与蓄粪池连接的进粪管坡度≥1/5

三、移动式农村厕所

在农村，若临时举办一些大型活动（如庙会、集会），公众如厕问题将面临重大挑战。相对于传统公厕，大部分移动式公厕具有占地面积小（5～10 平方米），安装快速、移动便捷、机动性较强，用水量小、节能环保，排污方式可按现场情况选择，粪污清理更便捷等特点，非常适合受地形条件限制和时段性服务需求的场所使用。

移动式公厕可按结构形式、移动方式、污水处理方式来进行分类，具体分类与特点如下（表 1-3）。

表 1-3　　　　　移动式农村厕所类型总结

分类方式	类　型	主要特点	适用场景
按结构形式分类	单体结构移动厕所	该类厕所内部只含有 1 个蹲位，可由钢结构支架覆盖轻型板材搭建而成。它具有结构轻巧，移动方便，安装快速，占地面积小等特点。	城乡公交站点、农村集市、街头空地等。
	复合结构移动厕所	该类厕所内部含有 2 个以上蹲位，可由钢结构、集装箱厢体、大客车车体等改装而成。它具有空间大，同时满足多人需要的特点。	农村大型室外文娱活动举办地、体育赛事举办地、集市、街头空地等。
按移动方式分类	吊装、搬运型移动厕所	该类厕所一般不带有行走装置，完全靠起吊装置吊装或直接由人工搬运，或将组件搬运至现场拼装。	建筑工地、临时大型集会地。
	动力、拖挂型移动厕所	该类厕所是带有行走装置的车辆型厕所，一般由大型客车、大型平板运输车底盘改装而成。它可以方便地行驶到任何车辆可以到达的地方，机动性非常强。	农村集市、街头空地等。
按污水处理方式分类	水冲与无水冲抽吸式移动厕所	水冲厕所一般将水箱置于厕所顶部，污水箱置于厕所底部。抽吸式移动厕所将污物收集箱置于厕所底部，直接承接使用者排泄物。	城乡公交站点、农村集市、街头空地等。
	循环水冲型移动厕所	该类厕所配有间歇式好氧与厌氧处理粪便污水装置，运用生物膜技术，加速粪便污水的发酵分解，然后通过过滤装置，将经处理的粪便污水再循环用于冲洗厕所洁具。	水资源紧缺，人流量较小的农村地区。
	干式打包型移动厕所	无水冲，排泄物由放置于洁具下部的可降解塑料袋承接，污物收集方便。	水资源紧缺型农村。

第二节　粪污无害化处理技术

一、三格化粪池式

三格化粪池式污物无害化处理技术适用范围较广，全国大部分地区可以使用。

（一）工作原理

三格化粪池中的日常粪污经过静置后，寄生虫卵会沉淀在粪尿混合液下方。蓄粪池内底层寄生虫卵及其他病菌经过密闭厌氧发酵被杀灭。此方式可控制蚊蝇滋生，从而达到粪便无害化的目的。

具体来说，此类厕所根据其结构形式（图1-3）特点，在处理粪污的过程中通过第一格将新鲜粪便和分解发酵的沉渣留下；第一格的粪液流入第二格进一步发酵和沉淀残留的寄生虫卵；第三格贮存达到无害化处理标准的粪液。

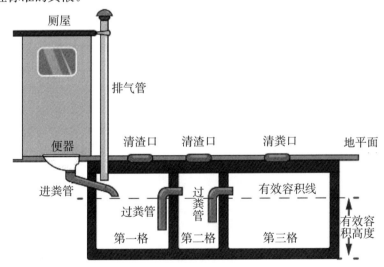

图1-3　三格化粪池厕所结构

（二）优缺点

1. 优点：该方式处理污粪后无害化效果好，保持了粪便肥力，粪池结构简单，易于施工，造价相对完整上下水道水冲式厕所较低，在我国农村得到了广泛应用。

2. 缺点：首先，在使用过程中有渗漏的风险。化粪池破损要及时修复，不能暴露粪水，防止粪污渗漏。现有塑料材质的三格化粪池相比传统砖砌式更不易渗漏。其次，化粪池容积相对固定，如未能及时清掏，会导致粪液漫溢，造成二次污染。最后，洗澡、洗涤等含有化学试剂的生活用水不能排入化粪池中。

（三）施工建造

三格化粪池可采用塑料材质的装配式、砌砖式、混凝土预制和现场浇筑式完成三格化粪池建造。砌砖式和现场浇筑式三格化粪池可根据现场地形、容积需求自建。一体化成型的三格化粪池适用于批量改厕行动。

一体化成型的三格化粪池建造步骤主要为：选位置→挖基坑→浇筑垫层→安装三格化粪池上下半体和池内隔板→过粪管安装→抗渗漏检测→回填。

砖砌三格化粪池建造步骤主要为：选位置→挖基坑→浇筑垫层→池体砌筑→过粪管安装→防渗漏处理→池盖的预制与安装→回填。

混凝土预制与现场浇筑三格化粪池建造步骤主要为：选位置→挖基坑→浇筑垫层→池体材料预制→现场浇筑防渗漏→过粪管安装→池盖的预制与安装→回填。

（四）注意

1. 砖砌蓄粪池的容积大小根据使用人数和地形情况按需调整，总容量不小于 1.5 立方米，池深不小于 1.2 米，布局可采用"目"字形、"丁"字形、"品"字形等。

2. 严寒地区蓄粪池应建立在冻土层以下，但一般不超过 2.5 米。

3. 砖砌蓄粪池安装盖板时应用水泥砂浆密封。清渣口、清粪口应加盖密封盖（易于反复开启与密封），上沿高于地面 5～10 厘米，防止雨水渗入。

4. 回填时，蓄粪池、洁具和管道等设施应无损伤、沉降、移位。

5. 在寒冷地区，池顶上部及清渣口、清粪口应用保温材料覆盖填充。

二、双瓮漏斗式

双瓮漏斗式污物无害化处理技术主要适用于土层较厚、缺水的中原和西北地区，北方地区双瓮需深埋。

（一）工作原理

双瓮漏斗式厕所（图 1-4）的地下部分主要由前后 2 个瓮型蓄粪池

（要求两个瓮总容积≥1.0立方米，瓮深≥1.5米）、进粪管和过粪管组成。它的运行原理与三格化粪池较类似。具体来说，此类厕所前瓮使粪便充分厌氧发酵、沉淀分层，去除粪便内的病原微生物和病虫卵；后瓮除进一步发酵外，还用来储存粪液。

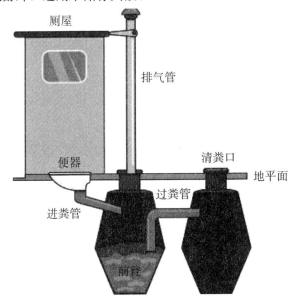

图1-4　双瓮漏斗式厕所结构示意

　　双瓮破损要及时修复，盖要密封，不能暴露粪水和渗漏粪液。人口多、用水量大时要增加至三瓮或加大瓮容积。在使用过程中需要控制用水，选择高压冲水泵或舀水方式，不能使用大冲水量的便器。经双瓮无害化处理后的粪液也可以作为肥料施用，故洗澡、洗菜等含有化学试剂的生活用水不能排入瓮中。

　　（二）优缺点

　　1. 优点：双瓮可用陶土、水泥或塑料制成，可以直接在传统旱厕的粪坑中埋入双瓮，简化建造流程。此方式在欠发达的农村地区较受欢迎。双瓮漏斗式粪污无害化处理技术与三格化粪池无害化处理技术的原理相同，粪便无害化处理效果和保持肥力效果好。其结构简单，易于企业规模化生产，可大量、快速定制生产、运输及安装，日常维护简单方便。

　　2. 缺点：首先，该技术类型的厕所在使用过程中有渗漏的风险。化粪池破损要及时修复，不能暴露粪水，尤其不能渗漏。其次，该技术类型的厕所体积相对较小，易导致粪便停留时间过短，处理效果变差，同时增加了清理次数。最后，该技术多在中国北方地区推广，但若安装时缺少必要的保温措施，会导致冬季双瓮内粪便结冰，粪管堵塞，最终造成厕所无法使用。

（三）施工建造

前、后粪池呈瓮形，中间大口小，可采用塑料模压预制、砖混砌筑，或混凝土及其他建筑材料预制后安装。瓮体应能承受当地最大冻土条件下的覆土厚度。

塑料模压预制双瓮漏斗式建造步骤主要为：选位置→挖基坑→在地面组装（注意密封性）→在基坑中固定瓮体→过粪管安装→回填→系统地做抗渗漏检测。

水泥预制双瓮漏斗式建造步骤主要为：选位置→制作模具→制作半瓮→水泥预制件保湿养护、脱模→挖基坑→放置双瓮→安装过粪管→抗渗漏检测→回填。

（四）注意

1. 水泥预制双瓮漏斗式中双瓮的容积大小需根据使用人数和地形情况调整，具有较强的灵活性和抗压性。

2. 瓮形蓄粪池在预制时，应设计好排气口、过粪管的安装位置及尺寸，防止出现安装错误。

3. 严寒地区双瓮蓄粪池应建在冻土层以下，基坑深度至少1.5米，一般不超过2.5米。

4. 注意瓮体连接处、过粪管连接处接口部位的封堵和密实。

5. 瓮体周围用土夯实，防止瓮体坍塌、倾斜。回填土不得含有砖块、碎石、冻土块等。回填时，蓄粪池、洁具和管道等设施应无损伤、沉降、移位。

6. 安装完成后，需要对整个系统做抗渗漏检测，确保各连接位置无渗漏。

三、三联通沼气池式

三联通沼气池式（图1-5）污物无害化处理技术适合气候温暖、取水方便、有家庭养殖习惯的地区，现四川、云南、湖南、陕西等地有较多农户采用三联通沼气池式处理粪便污物，但近年来我国三联通沼气池式的厕所保有量有所下降。

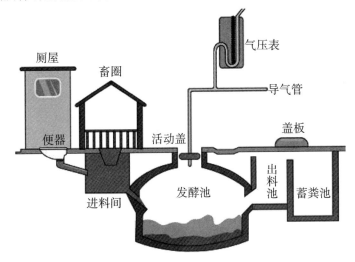

图 1-5　三联通沼气池式厕所

（一）工作原理

三联通指厕所、畜禽舍和沼气池相连通，人和畜禽的粪便分别经卫生厕所便器和蓄粪池收集后进入发酵间厌氧发酵，产生的沼气由活动盖上的沼气管输出，用作燃料。剩余粪渣进入出料池或者蓄粪池待集中处理，可用作农作物肥料。

（二）优缺点

1. 优点：它实现了营养物质回收利用和能源再生，同时还解决了传统畜禽饲养模式导致的卫生问题。此方式处理后的粪便无害化效果好，肥效高。无害化处理后的沼液可以直接喷施果实，有杀虫和提高产品质量的功效。无害化处理后的沼气可以做饭和照明，节省燃料，经济效益比较明显。

2. 缺点：此类粪污处理技术建造的厕所技术要求高、修建难度大、占地面积大，一次性投入大，后期维护管理相对烦琐等。故此类厕所适合在我国气候温暖、取水方便、经济条件较好的农村地区使用。

（三）施工建造

三联通沼气池式建造步骤主要为：查看地形，确定沼气池修建的位置→拟订施工方案，绘制施工图纸→准备建池材料→放线→挖土方→支模（外模和内模）→混凝土浇捣，或砖砌筑，或预制混凝土板组装→养护→拆模→回填土→密封层施工→输配气管件、灯、灶具安装→试压，验收。各地要因地制宜，就地取材，不强求一模一样。

（四）注意

1. 建池技工应经过沼气技术培训，须持有沼气行政部门颁发的上岗证，并要按国家标准进行施工与验收。参考标准：GB 4750《农村家用水压式沼气池标准图集》；GB 4751《农村家用水压式沼气池质量验收标准》；GB 4752《农村家用水压式沼气池施工操作规程》；GB 7637《农村家用沼气管路施工安装操作规程》；GB 9958《农村家用沼气发酵工艺规程》；GB 7959《粪便无害化卫生标准》。还可以参考 DB21/T—835—94《北方农村能源生态模式标准》。

2. 沼气池容积的大小（一般指有效容积，即主池的净容积），应该根据每日发酵原料的品种、数量、用气量和产气率来确定，同时要考虑到沼肥的用量及用途。

3. 尽量选择地基好、地下水位较低和背风向阳的地方建池。

4. 为缩短沼气的输送距离，沼气池应尽量靠近厨房，距离不宜超过30 米。

5. 沼气池应远离公路与铁路，并避开竹林与树林，以免对沼气池造成震动与损害。

四、粪尿分集式

粪尿分集式户厕（图 1-6）是 20 世纪 90 年代从瑞典引进的一种生态旱厕，其污物无害化处理技术适合干燥、缺水的中西部地区，寒冷地区也可以使用。现该方式主要应用于东三省、山东、甘肃等地，但目前我国粪尿分集式厕所保有量较低。该类厕所主要结构包括厕屋、粪尿分集便器、排气管、蓄粪池、蓄尿桶以及清粪口盖板组成。

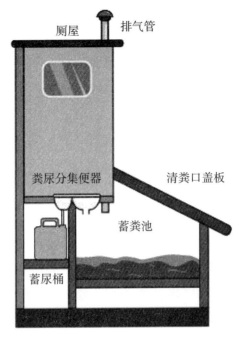

图 1 - 6　粪尿分集式厕所

（一）工作原理

粪尿分集式厕所是采用粪尿分集式便器将粪尿分别收集的一类厕所。粪便在重力作用下落入蓄粪池中，后添加适量干灰（草木灰、炉灰、庭院土等），干燥脱水使粪便达到无害化，粪便集满后外运集中处理。尿液收集在蓄尿桶中一段时间后可用作肥料。

一些省份对粪尿分集式厕所的设计和使用提出了优化方案，如江苏省要求便后在粪坑内加入干灰（草木灰、炉灰、庭院土等），其用量为粪便量的 2～3 倍。不同覆盖料达到粪便无害化的时间有所不同，草木灰的覆盖时间不少于 3 个月，炉灰、锯末、黄土等的覆盖时间不少于 10 个月，厕坑潮湿时，需加入干灰予以调整。山东省要求干封式新型粪尿分集式厕所的粪便要经过第二次堆肥处理，单独收集的尿液要经过集中曝气使其符合相关要求后才能用于农业生产。

（二）优缺点

1. 优点：该方式建造的厕所为生态旱厕，造价低廉，且基本不需要水冲，仅需少量水冲洗便池，无需考虑结冰的问题。干燥的粪便体积小、无臭味、处理后可作粪肥。此方式适用于干旱、寒冷的农村地区。

2. 缺点：①该类厕所使用和维护较复杂，排便后要及时加灰覆盖使粪便变得干燥，如不能及时覆盖或不完全覆盖，会导致蚊蝇滋生，影响粪便无害化效果。②不容易保持清洁，需要勤于清扫维护，排尿管冻裂或脱落后要及时维修，否则粪尿混合散发臭味。③适用于家庭人口较少，不适用公厕的地区。

（三）施工建造

粪尿分集式厕所建造步骤主要为：查看地形，确定修建位置→砌筑蓄粪池→蓄尿池建造→导尿管道系统建造→排气管修建→晒板修建。

（四）注意

1. 使用可回收再利用或农民可自己生产或就地取材的（自然）建筑材料，例如木头、树枝、轻钢、竹子、秸秆、泥土等，或回收的废旧砖头。既降低成本，也符合绿色环保的理念。

2. 粪尿分集式厕所技术简单，利用当地技术即能构筑，非专业者也能参与劳作。所以，充分发挥村民主观能动性，鼓励村民或志愿者积极参与，是建造粪尿分集式厕所的一般组织方式，既可以有效地降低建造成本，也让当地村民得以发挥他们的价值。

3. 储粪结构以建于半地面为宜。

4. 结合农户院舍灰土、少量厨余垃圾和牲畜粪便的覆盖堆肥处理，可以在蓄粪池专门留一庭院垃圾入口，使有机垃圾由过去随意丢弃转变为自主收集、科学处理，改善庭院环境卫生。

5. 在寒冷与使用尿肥的农村地区，可在厕所背阴处、冻土层下建造一蓄尿池。

6. 在晒板修建时，尽可能利用太阳辐射热。通过晒板可大大加快粪便的脱水干燥，减少加灰量，迅速达到无害化效果。

五、双坑交替式

双坑交替式（图1-7）污物无害化处理技术适用于干旱缺水且土层较厚的西北地区，东北寒冷地区也可以使用。现该技术主要应用于内蒙古、陕西、新疆等地区的部分区域。

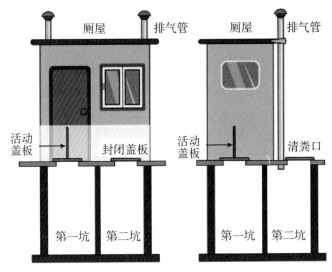

图 1-7　双坑交替式厕所

（一）工作原理

双坑交替式厕所由普通的坑式厕所改进而成，一个厕所由两个厕坑（蓄粪池）、两个便器组成。双坑交替式厕所的两个粪坑交替使用，使用其中一个时另一个封闭作堆肥处理。当将用满时，再将堆肥厕坑的粪便清掏后使用，实现双坑交替。

（二）优缺点

1. 优点：该厕所结构简单，易于在传统旱厕基础上改造，造价低廉。技术要求不高，建造简单。不改变居民原有使用旱厕的习惯，管理方便。不用水冲，不用考虑用水与防冻问题。清出的粪便可用作有机肥。

2. 缺点：厕屋内卫生较难保持，管理不好容易出现粪便暴露，造成使用时臭味大的问题。一个厕所两个坑位，占地面积大，且两个坑不能同时使用，一个使用时另一个要加盖密封。粪尿形成半干的膏状，清掏困难，需要人工花大力气清理。该类厕所对卫生维护要求较高，便后及时黄土覆盖，勤打扫。

（三）施工建造

粪尿分集式厕所建造步骤主要为：厕所选址（室外下风向）→深挖夯实地基→砖砌蓄粪池→蓄粪池挡板安装→浇筑安装蹲台板→制作便器盖→安装排气管。

（四）注意

1. 旱厕第一次使用前，蓄粪池底部需铺一层干细土，密封清粪口挡板。

2. 不可两个坑同时使用，不能不加盖板。

六、完整上下水道水冲式

完整上下水道水冲式厕所（图 1-8）适用于村民集中居住区域，供水和上下水道设施完善，不需要粪肥的地区。全国均可使用，现主要应用于我国城乡接合部、集镇、经济水平较高的地区。

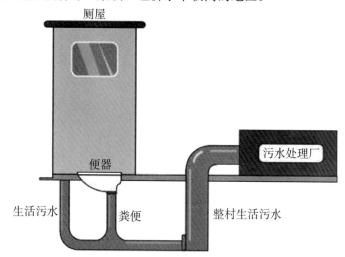

图 1-8　完整上下水道水冲式厕所

（一）工作原理

完整上下水道厕所将水冲式厕所的污水经单格化粪池或直接排放至污水管网，并输送至污水集中处理系统进行集中处理。

这种厕所卫生方便，舒适度高，但改造的前提是有完整的上下水道系统且污水集中处理系统能够正常运行。

此类厕所适合于城镇化程度较高、居民集中、环境敏感区周边的城郊或农村地区。在地方改厕规范中，均明确要求有城镇污水管网覆盖的乡村和社区推广完整上下水道水冲式厕所。湖北、河南和山东均要求重点饮用水源地保护区内的村庄，全面采用水冲式厕所，建立管网集中收集处置系统，实现达标排放。

（二）优缺点

1. 优点：使用方便，卫生容易保持。该技术将粪污与其他生活污水一起排放处理，家庭管理简单。

2. 缺点：造价较高，需要考虑后续污水处理费用。整村需要统一组织施工。如果没有完整的配套保障设施，使得污水直接排放至周边环境或发生管道渗漏，势必造成更加严重的环境污染，最终造成旱厕问题转变为水厕问题。

七、其他技术类型

（一）微生物式

微生物降解式旱厕（图1-9）是利用微生物菌种及其他辅助材料，将排泄物转化成生态有机肥的一种无害化旱厕类型。此类型厕所容易建造，使用简单，适用于干旱缺水及寒冷地区。

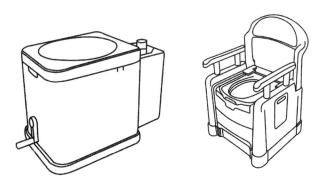

图1-9　微生物降解式旱厕

目前，微生物降解式旱厕有3种主要形式：

1. 一体化生态旱厕：该技术主要用于缺水地区户厕中使用。无水马桶＋生物反应器组成坐便器。整个旱厕采用一体化设计，安装方便，粪便污物就地处理，残留物很少。

2. 改造的生态旱厕：将普通旱厕坑改造成不渗不漏的蓄粪池，上方放置密闭的无水马桶。使用者如厕后将旱厕除臭剂投放至旱厕蓄粪池内，可达到基本无污染残留物的效果。

3. 粪尿源分离生态旱厕：通过粪尿分集式便器分别收集粪便和尿液到蓄粪池和蓄尿桶中。粪便添加除臭消化剂，经搅拌处理后变为无臭无味的肥料。尿兑水后可用于施肥。

（二）粪污一体化生物强化处理式

粪污一体化生物强化处理式厕所是收集粪便和生活污水，通过向处理设备中添加一定量的生物强化菌剂，达到污水排放的标准，从而实现粪便和生活污水无害化处理的技术。

该技术可用于整村、联户或单户家庭，其中整村或联户需要提前铺设上下水管道。

（三）粪尿集中清运处理式

粪尿集中清运处理式厕所适合村民居住相对集中，且没有条件建设下水道设施或无农家肥需求的地区。

粪尿集中清运处理式技术可结合原有三格式、双瓮式、沼气式等蓄粪及粪污无害化处理技术。厕所使用过程中采用粪车（图1-10）抽粪，此方式卫生易保持，粪污通过集中处理再利用。但使用中不能将其他生活污水排入蓄粪池中，清理时需要支付相应的费用。

图1-10　粪车

（四）真空负压式

真空负压式厕所（图1-11）是利用冲厕系统产生的气压差，以抽吸形式把便器内的污物吸走，常见于飞机及火车卫生间内。该处理技术用水量极小，每次用水量不超过0.3升，是一种节水高效的粪污处理方式。此技术下，粪污浓度高、体积小，为下一步粪污处理创造更为有利的条件。

该技术使用过程为：按下冲洗按钮后，控制器启动真空泵，当管路真空达到额定值，系统自动开启排污阀，便器内污物被吸入排污管，同时冲洗水清洗便池，在真空泵持续作用下，污物被远程输送到收集污物箱；真空泵排污阀、冲洗水自动关闭，系统完成工作，等待下一循环。

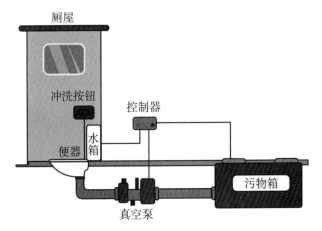

图1-11　真空负压式厕所

（五）净化槽式

净化槽式粪污无害化处理技术是一种小型一体化生活污水处理方式。该技术采用兼氧-好氧的生物接触氧化工艺，污水进入净化槽后，首先由沉淀分离槽进行预处理，去除颗粒及悬浮物。再由生物处理单元通过连续的兼氧-好氧去除有机物及总氮。最后，沉淀槽溢水堰设置固体含氯消毒剂，对出水进行消毒处理。

（六）新概念化厕所

随着科技进步，目前也有一些在概念上比较先进，但目前还没有成熟产品的粪污无害化处理技术，例如：循环水冲式，纳米膜技术＋干式燃烧式，蓝色分集独立式，电化学型生态卫生式，高温处理式，干式燃烧式。这些粪污无害化处理技术还需要不断完善和优化。笔者相信，在不久的未来会有更加便捷、高效、环保、卫生的粪污无害化处理方式出现。

第二章　农村厕所规划与布局

　　乡村的户厕、公厕和旅游公厕的位置选择与空间分布影响着居民生活品质，在选址规划时根据选址原则进行合理规划。厕所建造的材料使用上要结合材料特性特点，从耐用性、经济性和美观性等特征进行合理选择。合理利用每一块土地，改善农村生产和生活居住环境与节约使用土地统一起来，是新农村居住环境优化中需要考虑的重要问题。厕所的选址与布局在考量厕所位置和空间的同时，结合户厕、公厕和旅游公厕的使用人群，从厕位数量、空间设计和多功能厕所入手合理设计。

第一节　选址规划

　　厕所选址规划是厕所建设过程中的关键一步，选址规划合理的厕所在很大程度上给使用者提供了方便，有利于幸福感的提升。农村厕所主要包含了户厕、公厕和旅游公厕三种类型，每种类型又都有附建式和独立式，附建式要结合房屋内部布局来规划，独立式在考量房屋外部空间布局的基础上还要参考当地常年风向、粪污清运便捷性、美观性等因素。村民公厕和旅游公厕虽然都有公共属性的需求，要结合使用人群密度、使用时间和人流量来进行合理规划，旅游公厕在此基础上还要结合公厕的旅游属性来规划。下文将按照户厕、公厕和旅游公厕三种类型提出每种类型附建式和独立式的选址原则。

一、村民户厕选址规划

　　村民户厕分为附建式和独立式两种，在选址上要结合室内空间布局和家人的使用需求来规划，附建式指的是建立在房屋内部的厕所，受室内空间布局设计影响，空间上有一定的局限性，选址方面可以参考以下原则：

　　（1）厕所除尽量靠近卧室区外，还要考虑靠近厨房、化粪池，方便污物的集中处理和沼气的利用。

（2）如果是多层房屋，上下层厕所最好对齐，以节省管道，方便水流动。

（3）作为次要空间的厕所，可设置在采光、通风相对较差的区域，如北侧、西侧。厕所尽量开窗，保证直接对外采光。

独立式户厕指的是建造在主体房屋之外的厕所，具有相对独立性，在选址规划时要结合主体房屋的空间位置、当地的气候条件来规划。

（1）空间布局应根据常年主要风向建在居室、厨房的下风向。

（2）要尽量远离水井或其他地下取水构筑物，间距尽量≥5米，防止污染水源。

（3）临近道路，空间尽量开阔，保证使用和粪便清运方便。

二、一般公厕选址规划

村民是村庄的主人，乡村公共厕所设计应以村民公共需求为本，遵循"便利、卫生、美观、安全"的原则。附建式公厕一般建立在村委会等办公区域，在选址时可以参考村民户厕的建设原则，同时结合办公区域公共属性的需求。

（1）参考村民附建式户厕的选址原则。

（2）多建设在建筑物的边缘位置，但不宜过分隐秘，方便使用的同时还不会影响中心区域的卫生环境。

独立式公厕是村民生活基本需求的设施建设，其建筑特点具有一定的独立性，位置选择相对灵活。选址规划要以村民、村庄和村貌为中心进行合理规划，具体原则如下：

（1）村镇公共厕所应该根据村民人数，尽量建设在村庄中人流量较大的地方。

（2）厕所常年下风向位置民居较少，地势要高、减少雨水存积，同时还要便于维护管理、出粪、清渣。

（3）根据村庄特点，公共厕所外观设计应与周边环境协调。

（4）根据因地制宜的原则，在不具备建设水冲厕所的缺水地区，应采用新型卫生设备，建设免水冲厕所，寒冷地区还要考虑防冻。

三、旅游公厕选址规划

旅游景点的公共厕所是旅游基础设施的重要组成部分，折射出当地旅游业发展的水平和景点管理的品位。旅游公厕的选址除了考虑地形外，更要关注旅游公厕的实际需求。一般来说，景区出入口和主干道的游客流量会比较大，这些地方对旅游公厕的实际需求量也较大。附建式的旅游公厕一般建立在景区出入口、景点和休息区，这样设置不仅仅给游客供给了便利，而且让游客在上厕所的同时也感受到愉悦。具体选址原则如下：

（1）参考附建式户厕的选址原则。

（2）结合景点规划，融合其他旅游基础设施功能，在吃、行、游、购、娱等方面进行"厕所＋"的策略，满足游客多样化的功能需求。

（3）选择建筑内部边缘，选择通风位置，保证通风和隐蔽的需求。

独立式旅游公厕主要作为补充附建式公厕的选址来规划，由于一些景点和休息区的间隔较远，所以在半程点的位置设置独立式的厕所来补充使用，具体选址原则如下：

（1）根据游客人流量和主要旅游线路确定旅游公厕的分布网络及厕所数量。

（2）根据景区热度和位置，设计人性化和整洁卫生的公共厕所。

（3）将厕所与景区风貌进行融合，采用隐藏法、融合法和美化法来融合。

第二节　空间布局

因为户厕、公厕和旅游公厕的使用对象不同，所以内部布局设计不尽相同，有些厕所的空间布局能很好地体现对如厕者的关心和体贴，但有些厕所则考虑不周，给如厕者带来诸多不便。下文将根据厕所内部的空间布局的男女厕所厕位数量、单个厕位空间规划、第三厕所、盥洗区和管理房等空间，同时每个空间内又包含了各类洁具的空间规划，结合《农村地区公厕、户厕建设基本要求》《旅游厕所质量等级的划分与评定》提出户厕洁具、村民公厕和旅游公厕空间和洁具、第三厕所空间布局和洁具布局原则。

一、户厕洁具布局

户厕作为村民最常用的厕所类型，其内部洁具布局的规划合理性直接影响村民的使用感受，下面将对厕所中洁具的空间尺寸提出设计原则：

（1）农村户厕厕内面积不宜小于 2.4 平方米，室内净高应不小于 2.0 米。室内地坪标高应高于室外庭院地坪 0.1 米。

（2）每个厕位长应为 1～1.5 米、宽应为 0.85～1.2 米。在有厕位隔间的地方应为坐便器和水箱设置宽 800 毫米、深 600 毫米的使用空间。

（3）如果厕所内部设置了洗手盆，相邻洁具间应提供不小于 65 毫米的间隙，以利于清洗。

二、村民公厕和旅游公厕空间和洁具布局

村民公厕服务的对象主要是村民和外来人员，作为村民户厕的补充，在公厕内部空间布局规划中，要充分考虑服务人群类型及数量、当地居民的主要年龄段和生活方式。旅游公厕的空间布局和洁具布局可以参考户厕和村民公厕的布局原则，同时要考虑作为旅游公厕的旅游属性，拓展其为游客服务的需求特征，综合厕所功能空间和内部洁具布局规划，具体布局原则规划如下：

（1）公共厕所的内部空间平面设计（图 2-1）应将大便间、小便间和盥洗室分室设置，由于村民公厕的清洁人员负责多个厕所的清洁，一般公厕的管理室和盥洗室结合，仅作为工具储藏间使用。男、女厕所厕位分别超过 20 时，宜设双出入口。通道空间应是进入某一洁具而不影响其他洁具使用者所需要的空间。通道空间的宽度不应小于 600 毫米。在厕所厕位隔间和厕所间内，应为人体的出入、转身提供必需的无障碍圆形空间，其空间直径应不小于 450 毫米。

（2）一般公厕洁具布局要求每个大便器应有一个独立的单元空间，划分单元空间的隔断板及门与地面距离应大于 100 毫米，小于 150 毫米。公厕中男女厕位数量比例应达到 2∶3，旅游公厕的男女比例根据人流量可以调整为 1∶2，男、女厕所内应至少各设置一处坐便器，便于年长者或不便下蹲的人群使用。独立小便器立站位应有高度为 0.8 米的隔断板。隔断板及门距离地坪的高度：一类、二类公厕大于 1.8 米，三类公厕大于 1.5 米。厕内单排厕位外开门走道宽度宜为 1.3 米，不得小于 1 米；双排厕位外开门走道宽度宜为 1.5～2.1 米。

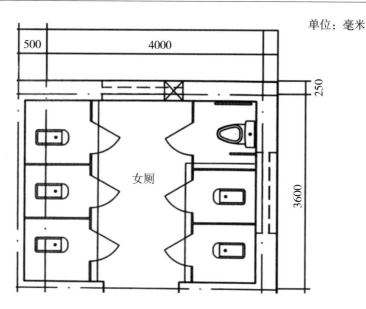

图 2-1　厕位空间规划

三、第三厕所空间布局和洁具布局

第三厕所（图 2-2）是为行动障碍者或协助行动不能自理的人员使用，满足的是小众需求，体现的是厕所服务的人性化，可谓是事小意义大。

（1）可以在厕所基础功能的基础上增加扶手、报警器、折叠座椅和可放置婴儿的折叠板，扩展功能增加使用场景。在多功能厕所使用频度不高的地方，可以考虑将残疾人厕所与多功能厕所合并使用。无障碍设计的走道和门等设计多参数，一类和二类公共厕所应按轮椅长 1200 毫米、宽 800 毫米进行设计。无障碍厕所间内应有 1500 毫米×1500 毫米面积的轮椅回转空间。

（2）内部设施应包括成人坐便位、儿童坐便位、成人洗手盆、儿童洗手盆、有婴儿台功能的多功能台、儿童安全座椅、安全抓杆、挂衣钩和呼叫器。使用面积不宜小于 6.5 平方米。多功能台和儿童安全座椅应可折叠，儿童安全座椅离地高度宜为 30 厘米。

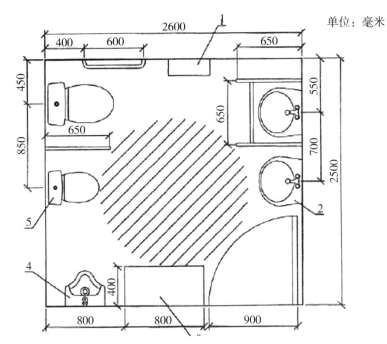

单位：毫米

1.可折叠的婴儿座椅；2.儿童洗手池；3.可折叠的多功能台；
4.儿童小便器；5.儿童大便器。

图2-2　第三厕所

第三章　农村厕所装修材料与厕具选择

随着乡村经济的不断发展，村民对建筑装饰材料的样式与性能要求也越来越高。厕所不仅是方便的地方，厕所建设也不仅是建造卫生厕所，而是要建造方便、舒适的卫生厕所，从而改变村民的如厕观念和行为。在经济条件允许的情况下，还可以对厕屋进行装修装饰，在清洁卫生的基础上美化厕所，增加厕所功能，放松心情。不过村民对材料的特性和功能不是十分了解，所以在材料的选择和使用上会出现一些错误。那么，村民在材料选择中为了避免出错，应结合以下原则：①满足使用功能；②需要考虑材料的使用寿命；③选用绿色、环保、安全的材料；④选用经济适用型材料；⑤在满足设计要求前提下，应便于施工安装。

第一节　厕所装修材料选择

如何选择合适、价廉、物美、温馨、耐用、安全、防滑、防臭和保洁的材料，是我们建造厕所必须考虑的问题。本节将具体探讨相关材料的特性和选用，以方便在建造设计厕所时作为选择材料的参考（图3-1）。同时，装修时不应局限于以下材料，应根据当地环境特点进行选择。

图3-1　装饰材料选择要求

一、顶面装饰材料

顶面装饰材料种类多样，每种装饰材料都有其自身的特点（表3-1），户厕更多地考虑维修便利性和美观性，所以多选用铝板材质

的集成吊顶。而公共厕所天花板材料选择和户厕有些不同，公共厕所更
注重经济性和实用性，考虑到成本、施工、维护、寿命等综合因素，建
议公共厕所天花板材料以防水石膏板加防水乳胶漆为首选，硅钙板、铝
板和铝塑板等材料则不建议使用。

表 3-1   天花板材料优缺点一览表

	PVC板	优点	质量轻、易安装、易维护、防潮防蛀虫、隔音隔热、样式多样、成本较低。
		缺点	不耐高温、不防火、使用寿命相对较短、会变色、易老化或变形。
	铝板	优点	阻燃、轻便、防潮和易安装更换、易保养、棱线分明、装饰整体效果好。
		缺点	寿命较短、会变色、脱落。
	铝塑板	优点	硬度高、色彩丰富、防潮防火、隔热隔音、成本低。
		缺点	表面涂层在厕所内使用寿命较短、容易变色、表面油漆容易腐蚀脱落。
	硅钙板	优点	防火、吸潮、隔音、隔热等，可适当调节室内干、湿度。
		缺点	寿命短、遇水易变形、易生锈、会吸附并散发臭味。
	石膏板	优点	轻便、强度中等、安装方便、隔音绝热、防火等，造型多样。
		缺点	时间久会出现污渍霉斑。

二、墙壁饰面材料

　　厕所空间的内环境相对潮湿，在墙面材料的选择上则要根据相关的环境来选择（表 3 - 2）。在选择材料时，要着重考虑材料的防水性、防潮性，其次才是清洁性，还要注意的是材料要有一定的强度，经久耐用，最后就是材料价格和铺贴效果的美观性。现在墙面装饰的主要材料有：瓷砖、大理石、防水乳胶漆、马赛克、防水壁纸等。

　　在选材方面，因地制宜，根据房屋特征选择适合的材料。主要考虑当地环境气候特点、户主喜好、修建风格、修建预算及后期维护决定等因素，因此墙面装饰选择以上材料均可。户厕墙壁材料在考虑材料特性的基础上融合个人喜好选择，建议选择瓷砖、防水乳胶漆、防水壁纸等材料。而公厕和旅游公厕的材料选择上考虑到清洁、安全等因素，建议选择瓷砖等材料。

表 3 - 2　　　　　　　　**墙壁饰面材料优缺点一览表**

	瓷砖	优点	结实耐磨、防潮耐腐、样式多样、美观度高。
		缺点	随着使用年限的延长，表面会出现老化裂纹。
	大理石	优点	天然石材、典雅高级。
		缺点	施工难度大、购买材料与维护成本高。
	磨砂砖	优点	天然的矿物质，抗压强度非常大、非常耐滑。
		缺点	清洁便捷性相对于瓷砖较差。
	防水漆	优点	购买材料及施工成本低、色彩丰富、防水防霉。
		缺点	易被涂鸦且不易被清理。

续表

	马赛克砖	优点	质地坚硬、样式多样、防水性能好。
		缺点	缝隙多、填缝剂使用较多，质量差的填缝剂易发霉、不易保洁。
	防水壁纸	优点	样式多样。
		缺点	购买材料与维护成本高。

三、地面铺设材料

现在大多数的厕所地面材料为各类天然石材、人工石材和瓷砖。其中各类瓷砖为主力材料。如一些防滑性较好的瓷砖、仿古砖等都被广泛应用。那么，户厕在安全性方面多考虑家里老人和小孩的便捷性，在材料选择上可以根据户主喜好来设计，在兼顾安全性的基础上可以根据户主的喜好来设计，材料的选择上也可以选择成本较高的装饰瓷砖。考虑公共厕所人流量大，地面使用率高，需要经常清洁，磨损程度比较大，同时还要考虑防滑等安全因素，因此地面铺设材料更应认真选择。可以选择价格相对优惠的防滑素色瓷片，这样可以做到兼顾安全、美观和易清洁。

四、厕位间隔材料

厕位分割材料（表3-3）主要应用在公厕和旅游公厕当中，在材料选择的时候，间隔质量的好坏关系到使用时间长短及后期清洁维护的投入多少。常见材料有颗粒板、多层板、抗倍特板、钢化玻璃等。间隔材料中抗倍特板是目前公共厕所普遍采用的隔断材料，抗倍特板不存在对潮湿环境和水敏感的问题，且板材表面色彩丰富，可满足多种花色选择、单面或双面的装饰需求。但是，不足之处在于价格偏高，不同品牌的价格相差大，但全生命周期长，一次性投入更省钱。

表 3－3　　　　　　　　　　厕位间隔材料优缺点一览表

	颗粒板	优点	装饰性能比较强、不易变形、握钉力较强、加工性能良好。
		缺点	环保性稍差、表面不光滑、做弧度和造型比较难。
	多层板	优点	环保健康、抗弯性能好、方便运输和施工、纹理漂亮、耐气候、耐高温。
		缺点	稳定性稍差、需经过充分干燥处理。
	抗倍特板	优点	抗弯、抗拉、耐火、易清洁，可长时间保持稳定、不会褪色。
		缺点	运输过程中容易损坏。
	钢化玻璃	优点	比一般的玻璃有更好的承受力、抗冲击性更好、抗风压好、更加抗寒暑。
		缺点	不能再进行二次加工，会有自身破裂、凹凸的现象。

五、其他装修材料

在户厕和公厕的使用场景中，除了基础的建造材料，还涉及很多功能性五金材料的选择。厕所常用的五金配件主要分为三类（表 3－4）：第一类是隔断类五金配件，主要应用于公厕当中；第二类是专用设施类五金配件，户厕和公厕中都有涉及；第三类是管道类五金配件，户厕和公厕中同样都有涉及。虽然五金配件是小物件，但还是要注意选择质量好的产品，否则就会大大增加配件更换频次，造成无谓的浪费和麻烦。目前市面上的厕所五金配件主要有以下几种材质：钛合金、不锈钢、铜镀铬、铝合金、铁质镀铬、塑料等（表 3－5）。在挑选五金配件时需结合材料优缺点及配件使用条件用心挑选物美价廉的产品。户厕在选择五金配件时要结合家庭成员需求，进行合理搭配。如一些家庭会有一些特殊人群，则要考虑添加针对这些人群的五金配件，如安全扶手等。公厕在选择这类五金配件时，要考虑经济性、耐用性和易清洁性。旅游公厕在经济性、耐用性和易清洁性的基础上考虑整体美观性，还需要增加一些挂钩类五金配件，方便游客放置随身物品，以提升游客的使用体验。

表3-4   **五金配件材料分类**

	支撑脚	螺丝螺帽	角码	门锁
隔断类五金配件				
	支架	拉杆构件	连接件	铰链
专用设施类五金配件	残疾人专用设施	婴幼儿专用设施	安全扶手	挂钩
管道类五金配件	水龙头	三角阀	套管接口	地漏

表 3-5　　　　　　　　　**五金配件材料优缺点一览表**

	钛合金	优点	强度高、热强度高、抗蚀性好、低温性能好、化学活性大、导热弹性小。
		缺点	耐磨性差，切削、焊接难度大，成本高。
	不锈钢	优点	耐热、耐高温、耐低温、耐化学腐蚀、工艺性能好。
		缺点	成本高，价格较贵，不耐碱性介质的腐蚀。
	铜镀铬	优点	样式多，价格适中，做工精细，电镀层比较厚，结实耐用。
		缺点	怕磨损，在潮湿环境下也会脱落。
	铝合金	优点	导热性能好、化学稳定性好、不易产生表面缺陷、易于进行表面处理。
		缺点	质地太软，铝合金焊接工艺便限制了它进行异形化和产品系列的多样性。
	铁质镀铬	优点	光洁平整、防锈能力比较强、表面比较美观。
		缺点	价格高、不适合表面比较复杂的零件、零件表面的光洁度要求比较高。
	塑料	优点	加工特性好、质轻、化学稳定性好、电绝缘性好、性能设计性好。
		缺点	易老化、易燃、耐热性差、刚度小。

第二节　厕具选择与设置

农村各类厕所的设计，在一定程度上满足了当地居民和游客的方便与需求，同样也是文明乡村的名片。各类厕所内部美观不在于装修得富丽堂皇，而在于实用性、便利性、舒适性和人性化的考虑。厕所内部空间应做到清爽干净、温馨舒适。选择户厕内的产品时，更多地考虑家庭成员的需求，还要结合家庭经济状况、成员情况和审美需求选择相应的产品，保障如厕安全，提升使用体验。公厕和旅游公厕内的产品选择，考虑日常的清洁维护成本和特殊人群的个性需求，强调如何提升使用者的便捷性和舒适感。厕所中常用的设备有便器、洗手台、洗手盆、水龙头、灯具及其他洁具，每种洁具都有自身的优缺点和适用场景，下文根据这些特点提出使用建议。

一、厕所便器的选择

市面上厕所便器的品牌多，款式各异，不同的品牌质量、价格、人性化、对排泄物的吸力或冲力、节水、噪声和保洁难易程度也大不相同。款式划分主要为蹲便器、坐便器和小便斗（表 3 - 6）。在日常生活体验中，人们可能经历过如厕时被坐便器中的污水溅到，影响使用感受，这些尴尬的情况都与洁具结构和质量有很大关系。

作为户厕的便器，要考虑家庭使用习惯和家庭成员构成进行选择，要照顾到每一位成员的使用需求，一般家庭不会配备小便斗这类产品。作为公厕和旅游公厕的便器，既要注重成本和质量，又要考虑使用和维护方便，还要能体现人文关怀，蹲便器、坐便器和小便斗按比例设置，兼顾各类用户需求，提升使用者的幸福感。下面将对各类产品的特性一一具体说明。

表 3-6　　　　　　　　　　　　**便器特征分析**

坐便器	
冲落式坐便器	虹吸式马桶
特性	主要包括冲落式和虹吸式两种类型。冲落式坐便器是利用水流的冲力来排走污物，是最传统、最流行的一种中低档器具，价格便宜，用水量小。虹吸式坐便器是第二代产品，这种便器是借冲洗水在排污管道内充满水后所形成的一定吸力将污物排走，冲水效果好，用水量大。
优点	大方时尚，造型多样、舒适性更佳、安装简捷、方便老年人及残障人士，适用于户厕及公厕中第三厕所使用。
缺点	造价高、马桶圈容易滋生细菌、冬天坐圈体感凉。

蹲便器	
分体式蹲便器	连体式蹲便器
特性	蹲便器又分为分体式和连体式。分体式蹲便器自身不带存水弯，安装方便、水流量大、冲力足，不足之处是难清洁，须在排水管上加设防臭装置。连体式蹲便器自带存水弯，能在存水弯拐弯处，造成一个"水封"，防止下水道的臭气倒流。
优点	容易清洁、干净卫生，如厕方式有助于减少接触各种病原体、成本较低。
缺点	不适合小孩、老年、残障人士，样式单一、美观性差、安装复杂。

续表

小便斗	
壁挂式小便斗	落地式小便斗
特性	有壁挂式和落地式，具有节水、静音、抗菌等性能。
优点	提高如厕效率、清洁方便、减少病菌接触。
缺点	清洁时与使用时地面容易积水。

二、厕所洗手台

　　洗手台是公共厕所必备的设施，是公共卫生的基础设备。好的洗手台设计可以给使用者带来方便和舒适的感觉。在洗手台的设计和摆放时，要根据厕所的空间布局和人员动线来设计。还要考虑地区间的差异性，结合地区人文环境和自然环境来配置这些基础设施，同时回归使用者本身，要结合家庭、村集体和游客个人需求来配置洗手台功能和装饰。如怎样的洗手台高度更人性化，如何选择洗手台的台面材料。洗手盆、下水口和水龙头五金件等问题。

　　结合村民使用需求，台面材料（表3-7）宜选用高密度石英石、岩板、天然石材等。洗手盆样式有台上盆、台下盆和立盆（表3-8），选择台盆时推荐台下盆，选用中号圆盆，方便使用和保洁。水龙头按照开关方式划分有感应式、按压式和旋钮式（表3-9），每一种水龙头各有优缺点，在选择时要结合具体使用场景。户厕在选择上多采用旋钮式，而公厕和旅游公厕的台盆常用下水阀有按压式、翻盖式和旋钮式。

表 3 - 7 台面材料

		特性	用石英石做成的台面，多利用碎玻璃和石英砂制成。
	石英石	优点	耐磨、不怕刮划、耐热性能好、可大面积铺地贴墙、拼接无缝、经久耐用。
		缺点	相对人造石价格略高、硬度太强、不易加工、形状过于单一。
		特性	也叫超薄岩板，是由天然石料和无机黏土经特殊工艺烧制而成的一种新型陶瓷薄板。
	岩板	优点	外观大气、重量轻、厚度薄、质量优、安全性高、寿命长。
		缺点	价位较高、颜色不多、加工切割时容易崩边、运输中容易破损。
		特性	高档花岗岩大理石是橱柜台面的传统原材料，比较常用的是黑花和白花两种。
	天然石材	优点	纹理非常美观、质地坚硬、防刮伤性能十分突出、造价低、花色各有不同。
		缺点	长度受限、拼接有接缝、缝隙容易滋生细菌、弹性不足、遇高温容易炸裂。

表 3 - 8 各类型洗手盆特性分析

		特性	像脸盆一样的上缘翻边，该翻边置于台盆柜台面之上，因此称为"台上"。
	台上盆	优点	美观性较强，更换方便。
		缺点	台面积水不容易清洁，与台面接缝处胶水容易发黄发霉。

续表

		特性	整个盆体都置于台盆柜台面之下，因此称为"台下"。
台面 台盆	台下盆	优点	台面积水、污物容易清洁入水盆，造型简洁。
		缺点	美观性一般、承力性差、容易脱落、占用浴室柜空间。
台面 台盆 底座	立盆	特性	由空心柱支撑的洗面盆，龙头、开关固定于盆边缘，下水管道隐藏在立柱中。
		优点	不需要另外制作台盆柜、占地空间较少、成本低。
		缺点	美观性差、地面容易积水、台盆与立柱只能同时更换。

表 3-9　　　　　　　　　各类型水龙头分析（按开关方式划分）

		特性	感应水龙头是指通过红外线反射原理控制水龙头的开水、关水。
感应开关	感应式	优点	避免水资源浪费、有效避免细菌交叉感染、流线形设计、现代感强。
		缺点	感应不灵敏、价格昂贵。
按压开关	按压式	特性	阀芯推到低处位置时，则水龙头开启，当阀芯回到高处位置时，则水龙头关闭。
		优点	开关方便，干净卫生，能减少手掌面的二次污染，并能够有效节水。
		缺点	清洗时动作要快，不然就得重复按压。

续表

旋钮开关	旋钮式	特性	市面上常见的种类，造型多样、可搭配各种风格装修。
		优点	价格较低、材质选择灵活、维修更换方便。
		缺点	容易造成水资源浪费、需要接触、可能造成交叉感染。

三、厕所灯具

厕所的内部照明，通过灯光的设计不仅可以满足功能性的需求，还能设置氛围场景，提升使用者的幸福感，放松心情。厕所灯光类型主要有吸顶灯、筒灯和射灯（表3-10），每种光照类型都有各自的特点，再结合照明的功能性，要考虑以下具体指标：灯源、款式、亮度及色温。一般而言，户厕在灯具选择时建议结合吊顶选择吸顶灯搭配辅助照明，光源颜色多为暖色，营造温馨放松感。公共厕所内部灯光基本是由整体照明和局部照明结合而成，既满足照明需要，还可以提升厕所的档次。光源颜色多为冷色调，能增强厕所的整洁感，以衬托干净清爽的气氛。

表3-10   厕所灯光要素分析

吸顶灯		筒灯	射灯
灯源	吸顶灯	款式简洁，内置发光灯带或灯管。	
	筒灯	光源不外露，无眩光，视觉效果柔和、均匀。	
	射灯	很高的聚光度、有层次的立体感、增强装饰感。	
款式	吸顶灯	款式多样、造型丰富、造价低。	
	筒灯	分为外露式和嵌入式，嵌入式需要提前开孔、外露式有灯线即可。	
	射灯	和筒灯款式类似、可调节角度、增强灯光效果。	

续表

亮度	光线柔和，防止损害眼睛，足够的亮度防止摔倒。
色温	灯光的整体需要与局部需求相结合，主灯与辅灯的功率，灯光的色温都要适宜。一般主灯功率为 8～16 瓦，辅灯功率为 4～5 瓦。灯光的色温以 3000～4000 开尔文为宜。

四、其他产品选择与设置

不管是户厕，还是村民公厕和旅游公厕，在小小空间中，除了必备的各类便器、洗手台、照明设备外，其他产品也是花样众多，其中固定设备有：手干燥器、镜子、抽气扇、冲水系统、水龙头冲水系统、小便斗冲水系统、马桶冲水系统、垃圾桶、洗手台垃圾桶、马桶垃圾桶、导视牌等。消耗品有：洗手液、肥皂、卫生纸、擦手纸、马桶坐垫、马桶消毒液、垃圾袋等，都需要一一搭配。前面说到的各类产品，户厕、公厕和旅游公厕都有涉及，户厕根据家庭需要和场景特点进行安排和设置，而公厕和旅游公厕因使用人员类型复杂，在其他产品的选择上要分类考虑需求。

在此基础上，公厕和旅游公厕基础设施还包含导视牌（图 3 - 2）系统的设计，各个区域有其不同的形状、颜色、图案、材质。对于导视牌颜色而言，色彩是人类视觉感官中最为直接的要素，导视标志牌的设计应充分考虑人们对色彩的敏感程度和舒适性。关于形状，目前公厕导视标志牌以平面、立体形状为主，考虑到道路规划的现状，以及制作成本的原因，立体式导视牌不宜过多采用。对于图案，有些被设计得较有创新形式的男女标志图案，并不一定被大众接受，仅能在特定场合使用。作为给公众指示作用的导视牌，应以传统被大众熟知的图案，避免不认识图案带来的尴尬，增强导视牌的主题功能。

图 3 - 2　厕所导视牌

第四章　农村厕所维护管理

　　农村厕所的维护管理是一项长期性、持续性的工作，不仅是对卫生的清洁，更重要的是要进行科学合理的管护，建立科学有效的长效维护管理方法，只有这样才能最大限度地发挥农村厕所对于改善农村人居环境和推动乡村治理作用。在农村厕所维护管理过程中，要参考以下几点建议：第一，在加强宣传引导的同时要明确建设要求，建立建设改造试点以帮助村民比较容易地接受新政和经验，要让建设的设施具有目的性、功能性。第二，在维护管理的过程中不仅要考虑使用者的安全，还要照顾维护者清洁过程中的安全，同时制定卫生标准，严格按照标准来进行维护。第三，加强资金投入，丰富资金投资渠道，增加运营收入，反哺资金投入，严格执行验收标准，保障农村厕所运行，加强维护和管理。

第一节　"三防"安全设计和卫生规范

一、多方向保障安全使用

　　厕所由于空间封闭、空气流通不畅、地面多积水和老人年龄生理的衰弱，导致厕所多发安全事件，所以在厕所的设计规划时要重点考虑安全设计，要做好"三防"（图4-1）：防疾病、防跌倒、防疫情。要做到"三防"，通过以下几方面重点实施。

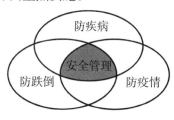

图 4-1　安全管理

　　首先，防疾病发作。心脑血管病患者如果蹲厕时间过久，排便结束后快速站立，容易诱发短暂性脑缺血，发生头晕、眼花、摔倒，且年龄越大的人越容易受伤。因此，建议凡是家里有老人的农村户厕，以及村里面老人居多的村镇和旅游公厕的多功能厕所（图4-2）均要配备求助及应答系统，紧急按钮设置多种启动方式，如按压式和抽拉式，便于紧急情况下使用。

　　其次，防跌倒受伤。由于农村户厕在建造时，很少考虑用材的防滑性，更由于厕所的特殊性，水龙头使用频率非常高，洗手台周围地面常常会有水渍或积水，因此稍不留神就有可能滑倒。那么如何解决这一公共问题呢？在户厕、公厕和旅游公厕设计中，设置防滑垫、使用防滑地砖和扶手，设置空气循环系统，流通空气，保持温度，辅助吹干水汽，降低滑倒风险。

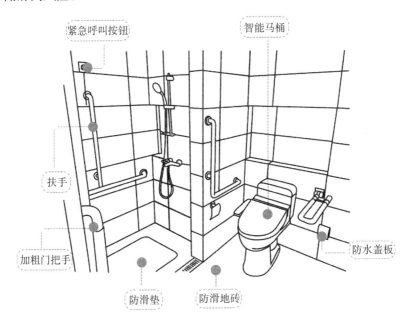

紧急呼叫按钮　　智能马桶

扶手

加粗门把手

防水盖板

防滑垫　　防滑地砖

图4-2　厕所防跌倒设施

　　最后，防疫措施。由于户厕绝大多数使用者为家庭成员，所以在防疫措施上以个人防疫为主。公厕和旅游公厕如何进行疫情防范？农村旅游公厕的日常管理有何重点？农村旅游公共厕所是一个人员聚集的场所，来往人员的健康状况也比较复杂，厕所内咳嗽、咳痰、吐痰的情况较常见，并且厕所内的门把手、扶手、冲水按钮等设施属于高频接触的公共设施，所以在疫情期，游客使用厕所时有必要提升个人的防护意识。

在游客规范方面，建议游客在酒店如厕再出门，避免使用公共厕所，或者减少使用公共厕所的次数。如需使用公共厕所，应全程戴好口罩，减少在厕所内的停留时间，更不要在厕所内吸烟。在使用公共厕所内的门把手、冲厕按钮等高频接触的公共设施时，建议垫一层纸巾后再操作。同时尽量与他人保持1米以上的距离，不要在厕所内咳嗽、咳痰、吐痰，爱护厕所的公共卫生。如果是坐便器，使用完后将盖子盖上再冲水。上完厕所后用洗手液和清水洗手，或使用手消毒剂消毒双手。在此之前，不要用手触摸口眼鼻。在农村旅游公厕管理方面，工作人员在工作期间，要做好个人防护，戴好口罩和手套，作业完成后应及时洗手。工作人员要做好健康监测，如出现发热、干咳、乏力等症状，要及时就医。加强厕所通风，如果自然通风不足，采用机械通风以增加新风量。厕所内要提供足够的洗手液。同时，加强公厕各项设施的检查维修，保证管道通畅，地漏处于水封状态，尽量使用自动感应式水龙头。做好厕所的清洁卫生，及时清理垃圾。定时对公厕的水龙头、扶手、门把手、烘手器、冲厕按钮等公共设施进行清洁和消毒。一般情况下，公厕开放期间建议定时进行消毒，消毒频次可根据人流量适当地增加或减少，清洁时可用500毫克/升的含氯消毒液进行喷洒或擦拭消毒，作用30分钟后用清水擦拭干净。

二、严格规范卫生管理

厕所卫生的保持是后期维护管理的重中之重，好的厕所环境给人好的如厕体验，可以愉悦心灵。厕所的卫生维护要从多方面去考虑，结合使用人群、厕所环境、用具特点进行设计规范，做到"重建厕，更重护厕"，具体方法可以通过以下几个方面来实施。

（1）规范建造（升级）技术，优化粪污处置。建造卫生厕所具有较强的技术性，其涉及卫生技术、工程建设等多领域，若建厕技术跟不上，技术指导不到位，建造的卫生厕所就很容易存在质量问题，会严重降低农民建厕的积极性。因此，需要加大对技术人员、乡镇和村干部的卫生厕所建设的技术培训，召开会议时组织大家在一起相互学习、交流经验。加强粪便管理是卫生防病的一项重要的治本措施，粪便无害化处理能起到一定的卫生防病效果。对于缺乏统一的化粪污水管网等基础设施的村庄而言，应加速推进私厕粪便统一无害化处理工程。针对农村粪污运营费用高、缺乏资金构建后期长效管护机制的状况，可利用小型城镇试点功能性、免维护的污水处理湿地的模式，降解吸附污水中的有机物质，达到分散处理、源头治理，有效降低管网费用的效果。

（2）完善厕所配套，健全管护体制。加大对坐便器的投入，鉴于农村常住人口多为老人和小孩，考虑到老年人的身体素质较低，坐便器比蹲便器更符合老年人的身体健康状况，走访调研对坐便器的需求市场加以细分，以满足不同农村家庭对坐便器的需求，同时要加大封闭性厕屋建设的力度，建设封闭保暖式厕屋应采用标准化设计，统一建设的模式，厕屋需具备基本的门窗、照明及通风、防蝇设施，以及地面硬化处理等。在缺乏自来水的农户家庭，要提供相应的水源支持，推进自来水进村、进户。

（3）粪污资源衔接生态循环利用（图4-3）。结合日光温室蔬菜种植优势产业，培育打造生态循环农业产业链，鼓励农户组建日光温室肥料服务公司，建厕农户可将经过厌氧发酵的粪污出售给服务公司或种植农户，为日光温室生产绿色蔬菜提供有机肥，降低厕所清运成本，解除建厕农户后顾之忧，净化日光温室土壤质地，增加产出效率，切实解决好粪污排放和利用问题，实现绿色、环保、低碳、可持续发展。也可以按照"分户改造、集中处理"与"单户分散处理"相结合等方式，粪污就地、就近、就农进行资源化利用，实现厕所粪污治理与生态循环农业发展有机衔接。

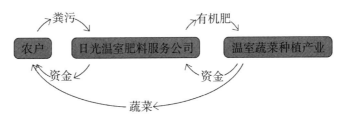

图4-3 粪污资源化利用与生态循环农业

第二节　多层级宣传与明确厕所维护管理办法

一、积极宣传维护管理方法

在宣传引导的过程中，首先应该以农民为主要对象，积极增强农民的主人翁意识，大量吸取村民建议，政府和村民协同探索厕所维护管理的新方法。其次，多渠道宣传，从政策推广到落地实施全面宣传厕所维护建议和方法。最后，发挥模范试点带头作用，激发农户向榜样看齐，向典型学习的精神。具体宣传方法应从以下三方面着手。

首先，消除村民陈旧思想的障碍，最大限度地争取村民的支持。在厕所维护管理的实际操作过程中，村民支持率较高的村子，厕所维护管理的质量比较高，广大农民是厕所维护管理的参与者和主力军，只有争取到最广大农民的意见和支持，厕所的维护管理才会更好地进行。具体操作方法如下：一是加强宣传引导。各地政府需要利用多种渠道向村民普及厕所的相关知识，从建厕与生活健康的关系入手，让村民充分理解厕所建设的重大意义，自觉改变传统意识、养成良好的卫生习惯。二是畅通村民表达决策渠道。政府人员通过指导居委会和村委会开展干部述职、民主评议、座谈会等形式，开通村民意见表达的渠道，及时加强引导解答相关疑惑，并认真考虑村民对农村建厕的意见和建议。三是提升村民表达自身需求的意识与能力。如通过村民大会和村小组会议，利用已建厕人员的现身说法，让村民意识到建厕的好处，促进村民向积极主动建厕的意识转变，调动村民积极性，主动配合建厕工作，只有村民积极参与厕所的维护管理，厕所维护管理才会取得显著的成绩。

其次，对于厕所建造的宣传不仅体现在前期的动员上，还要在后期的维护管理过程中得到加强。在厕所的后期维护管理过程中，可以利用新媒体、微信群等方式加大宣传力度，巩固建厕成果，形成示范带动效应。还可以通过当地媒体机构制作本次建厕相关的报道和记录，利用微信群推送的相关报道、文件，将宣传教育工作深入农村、学校、社区等各个地方。在每年重要的时间节点，如11月19日的"世界厕所日"，进行集中科普教育，报道建厕成果，全面、多途径普及卫生知识、宣传建厕成果，引导人们养成新的卫生习惯。在宣传的过程中，逐步偏向维护管理的典型案例报道和一些先进的管理经验，帮助落后的地区学习到先进的方法。

最后，积极发挥试点先行典型带动作用。政府要制定和实施鼓励措施，对于厕所维护管理做得好的人员和地方进行物质和精神上的奖励。宣传部门可以去一些厕所维护管理好的农村调研经验，并结合地区特点进行指导性的宣传，起到厕所维护管理的宣传科普作用。讲文明，树新风，使农民全身心地投入追求舒适的生活环境、文明的生活方式中，鼓励农民内生动力，推动农村厕所维护管理规范有序地进行，并推动群众自发性地投入建设。

二、明确维护管理的各项要求

除了加大宣传力度之外，还要完善卫生清洁要求。对符合卫生要求、易于推广的农村卫生厕所与粪便处理设施或技术方案应能满足以下质量控制要求。

一方面，立足实际，因地制宜。根据地区差异，针对厕所类型、厕所布局，制定相关卫生管理规范。如户厕的维护管理主要在粪污处理，结合地方需求设立污物处理规范。公厕和旅游公厕除了污物处理规范的要求，还有厕所内外的日常清洁和维护，这就需要制定一系列的卫生规范标准来监督和规范使用者、清洁者。

另一方面，健全长效维护管理机制。户厕的维护管理主要由各家各户自行负责，而公厕和旅游公厕则由政府、地方负责，乡民共同负责和监督。政府和地方负责坚持建管并重，建立厕所后续长效管理机制，购置抽粪车，将厕所卫生整治纳入村规民约，建立卫生评比"红黑榜"，推行厕所卫生保证金制度，促使群众养成自觉开展卫生保洁的良好习惯，确保新厕建好一个、管好一个、用好一个。强化村民维护管理意识，不要成为局外人，促使村民积极参与厕所的维护管理。将农村公厕纳入村级公益性设施共管共享，每村至少确定1名公益性岗位人员，负责厕所维护、粪污清运，确保"专人管理、卫生干净"。

第三节　厕所运维管理的资金与监管机制

一、多渠道引进资金

一方面，采取多渠道投融资政策参与农村厕所建设投资、建设与运营，借助市场化运作支持农村厕所建设对资本的需求。以现代化企业管理手段改善厕所的运营与治理能力，优化厕所粪污处理能力，创新厕所粪污转化为资源与产品的能力。在合适的农村，甚至推广专业化的集团连锁的厕所管理公司参与农村厕所的经营，通过费用管理持续提升农村厕所建设的效益。除此之外，必须创新农村厕所建设的商业模式，通过招商引资拉动民间资本解决厕所改建经费不足等问题，发挥市场经济在农村厕所粪污治理中的杠杆作用。借助政府财政补贴或者免税支持，扶持一批再生资源公司，有效处理厕所粪污；还可以委托第三方运营，将厕所粪污处理与农村田地施肥有效对接，亦能有效解决厕所粪污。通过商业模式创新，优化农村厕所建设效益，减轻政府财政压力和资金不足的难题，提高农村厕所改建与粪污处理能力，提升农户厕所建设的接受度和满意度。

另一方面，加大农户厕所改建市场化推进力度，将农村厕所建设融入新农村建设的重要组成部分，持续加大融资能力。引入民间资本投资沼气池的建设，有偿征收农户厕所粪污与垃圾，向市场供应能源产品和有机肥料等。完善市场化运营机制，激发农村厕所改建的资金筹集能力，甚至包括农户个人投资等。农村厕所建设基础设施建设、技术应用、厕所管护等均需要较多资金支撑，政府应以市场化手段创新农村厕所建设的商业模式，引进各方资本分享农村厕所建设中的红利。

具体而言，政府可以牵头与农业银行、商业银行等进行融资帮扶，通过资金贷款，充分发挥行使财政资金指挥棒和资金杠杆作用，引导社会资本加入农村厕所的建设中，政府可对率先引进社会资本的厕所改工程项目进行投资，予以投资补助、贷款贴息等政策倾斜；有效整合其他涉及农业农村、创建卫生城等项目资金，向农村建厕项目适度倾斜，增加运营管理投入，"三分建设、七分管理"，完善融资资金分配方式，以强劲充足有力的资金保障，为厕所建设行动奠定夯实的根基。

二、建立长效厕所维护管理的监管机制

农村厕所改建工作是长期工程，先期完成的工程就是样板，能成为后续工作推进的参考，需要重视管理工作，后期维护关系"厕所建设"成效。完善建厕验收标准和监管机制是保障农村"厕所建设"多中心协同治理运作模式有效运行的关键。验收标准和监管机制对协同治理的全过程加以约束，出现偏差及时纠正，防止事后监管而导致资源浪费。

建厕后期，建立一套有制度、有标准、有队伍、有经费、有督查的农村厕所长效管护机制。一是建立健全维修服务机制。在保质期和质保范围内，可采用中标企业维修模式，进行无偿维修或更换零配件；在保质期和质保范围外，可在县域内设立维修服务网点或以乡镇为单位建立维修服务站，县财政予以适当补贴，确保维修服务及时便捷。二是完善农村厕所粪污处理利用措施。根据农户厕所类型、自来水供应与下水管道等实际情况，选取合适的污水管网处理系统，或者分散处理，或者集中处理。基于厕所现有无害化处理效果的基础上，采取综合运用、就近消纳与农牧循环等主体形式，结合农村农业绿色发展与农户家庭经济现状，多种形式推进农村厕所资源处理与利用模式。同时，还应考虑到有一小部分农村厕所不能就近消纳粪污的情况，可以采取多个农村建立联合蓄粪池统一集中处理，以防粪污随意倾倒及其对生态环境的污染。鼓励支持专业化企业和个人进行粪液粪渣资源化利用的有偿服务，实现厕所粪污无害化处理和资源化利用。三是地方政府要探索市场化管理运营模式，鼓励相关企业和个人进入市场，对厕所的维修、粪渣清运、资源重复利用等后续工作进行市场化运营，健全长效管理机制。通过投资补助、贷款贴息与担保补贴等途径，吸引社会资本进入农村厕所建设的投资、建设与运营。积极推进环保服务型企业、基础设施生产型公司与公益型组织等参与农村厕所的投资、建设与运营，并采用"认养、托管、建养一体"等机制展开厕所改建后的管护工作，保障农村厕所的维护和管理。

第五章　农村普通公厕案例

随着村民生活水平的提高以及乡村振兴、美丽乡村的进一步落实，农村公厕作为一种特殊的公共服务设施，其建设可以更多地思考厕所的外延服务功能，以满足村民日益增长的美好生活需要。本章分别列举了增加公共活动性的杭州萧山区的东山公厕、根植于乡村特色的山东淄博土峪村公厕、废旧厕所材料重新利用的广东开平塘口镇祖宅村景观厕所，它们都是在农村内部的公厕，在满足村民的如厕需求上进行了厕所的品质提升，增加了厕所的功能延展性。

第一节　杭州萧山区的东山公厕

设计公司	尌林建筑设计事务所
项目位置	浙江省杭州市萧山区河上镇东山村
项目时间	2018 年 7 月—2018 年 12 月
项目名称	三岔口的公厕
建筑材料	水洗石、水磨石、钢
结构形式	钢结构、砖墙
建筑面积	138 平方米

东山公厕建在浙江省杭州市萧山区的一处村落中，是萧山区乡村振兴背景下的公厕更新示范点。萧山区的村落是江浙一带乡村类型的典型缩影，村落整体风貌混杂且富有包容性，村内的传统建筑基本消失，村民大多外出务工。在这样的大背景下，尌林建筑设计事务所在萧山的乡村展开公厕设计实施。

在萧山区，基本上每个村落里都会配有一处公厕供村民们使用，以满足村民的日常需要，但很多公厕的卫生环境和配套设施已经完全满足不了当代村民的需求，村民们对脏乱差的公厕环境提出了抱怨，因此公厕的更新就变得非常迫切。

　　该公厕的建造场地是一块小的三角地（图5-1），其中两侧边界是可行车的村道，一侧是靠着一个三层楼的现代民房，场地形态和边界被周边环境限定得很明确（图5-2），原场地两条路交会处的角上有一棵形态良好的杉树，设计团队在建造中有意地保留这棵树（图5-3）。在公厕的不远处有一条河和一个公共广场，闲暇时，村民们会沿着河边散步，广场也被村民用来做运动和举办各种活动，因此，这块三角地因连通着河流和广场，在空间域上增强了一定的公共性。

图5-1　东山公厕位置

图5-2　东山公厕周边环境

图5-3　公共厕所外观

　　尌林建筑设计事务所在设计公厕的时候最想要表达的设计意图，就是希望这个空间能够成为一处公共性很强并且带有一丝包容性的场所，村民们在上厕所之余还能把更多的生活的、琐碎的活动带入进来，在满足厕所的实用性的基础上增强村民公共活动性。

一、打破开放性和私密性的边界

　　公厕要有更多公共活动的可能性，首先需要做功能上的拆分，打破传统公厕封闭私密的刻板认知和平面布局。在此目的下，设计师们将公厕的定义解构，把使用功能拆散成：男厕、女厕、工具间、残卫间、洗手台、休息等候座椅，将这些功能区都独立开，变成一个个自由独立的功能体块，重新组合。把功能拆分开来之后空间的可能性变得更加多样化，洗手台变成村民洗菜、洗杂物的地方，休息等候座椅变成村民无事闲聊唠嗑的地方，屋顶之下的灰空间变成村民可以自由穿行的公共性空间。这一空间变成了一个交流的场所，带给村民更多使用的可能，村民们在开放的公厕相遇时可以聊天交流，增进邻里关系，让公厕慢慢地发挥了更多的驿站公共属性，变成了村民的一个小聚集点，打破封闭空间、传统厕所布局，让公厕拥有更多可能性。

二、建筑选材上的"轻与重"

　　厕所建筑的外观组织逻辑和材料使用逻辑很明确，几个与地面为一个整体的、功能各不相同的体块无规则分布，墙面材质与地面材质属性一致，墙面材料用的是掺杂黑白小石子的水磨石，地面用的是掺杂灰色中等颗粒石子的水洗石，一个细腻一个粗糙，虽然颜色接近，但是质感与肌理有微小差别。十几根与厕所顶面一体的白色钢柱同样不规则地在空间分布，穿插在体块的空隙之中，柱子与体块形成一种更自由无序的状态（图5-4）。

图5-4　公厕内部

　　地面体块系统与顶面柱子系统相互嵌套，形成相互咬合的逻辑关系，轻与重，白与灰，公共性与私密性的两两关系。空间内方向性被模糊，人们可以随意穿越、视线可以穿透、空气可以自由流动，营造出一个自由、轻盈、流动、轻松的公共空间（图5-5）。

　　这里的轻重不是量化意义上的轻重，而是相对意义的轻重，空间有虚有实，材质有深有浅，尺寸有厚有薄，感受就会有轻有重，最终会体现到人的感受上。

图5-5　公厕局部

在公厕造好后，设计团队调研了公厕的使用情况，周边村民反映大家都喜欢到新造好的公厕上厕所，早上高峰期甚至都要排队，村民们觉得干干净净的公厕很是洋气，在村委的管理下公厕发挥了应有的效用，更好地为周边群众服务（图5-6）。晚上厕所的灯光亮起来之后，处于三岔路口的公厕成为村中心的一处指明灯。

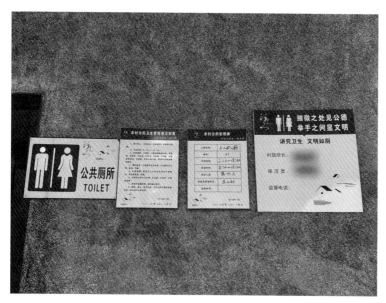

图5-6 公厕管理制度

东山公厕的设计实践有两点值得借鉴：一是打破传统厕所空间布局，将厕所的功能区重新拆分组合，让公厕更满足村民与时俱进的新需求，更好地服务于周边群众。二是将现代简约几何风格融入村落之中，带动村子景观环境提升。乡村不是土气的代言者，洋气更不是城市的专有名词，好看也并不意味着不实用。美丽乡村建设可以对村庄的多方面进行整治转变，公厕就是其中重要的一项，随着村民生活水平的显著提高，农村公厕不应只局限于以卫生整洁为美，还可以从建筑外观上为乡村增加美的点缀。

第二节　山东淄博土峪村公厕

设计公司	中国乡建院＋房木生景观设计公司
项目位置	山东省淄博市淄川区西河镇东庄村、洪山镇土峪村
项目时间	2016 年 4 月—2017 年 7 月
项目名称	土峪村厕所建造
建筑材料	砖、石、木、钢
结构形式	砖墙
建筑面积	390 平方米

　　2016 年，土峪村开始推进美丽乡村建设，邀请中国乡建院（注：中国乡建院是一家为乡村建设提供系统性、创新性解决方案的专业机构）进行整体规划设计。根据规划，土峪村完成了三件事情：其一，完善基础设施，包括修建进村、村中道路，每家每户铺石板路；修建公厕、文化休闲广场、污水处理厂等；其二，修建观戏台、水岸童趣乡村文化娱乐项目；其三，将闲置的石头房重新设计装修，鼓励村民参与民宿建设、经营。

一、就近选材与场域契合

　　山东淄博土峪村的村口有一片采石剩下的场地，规划组将其改造为停车场，并配套一间公共厕所（图 5-7）。公厕选址在被削出的悬崖底下（图 5-8），材料选用的是采石场出产的石头和部分砖头，可以让厕所更好地融入环境之中。造型上，根据厕所内部的厕位，由内而外，把厕所的外墙进行了折墙处理，在男女厕间两边端头做了落地门窗，再在外面包围一圈小花砖围墙，给厕所安置了两个"风景小院"，增加了其采光与风景要素，提升人们如厕的体验感（图 5-9）。

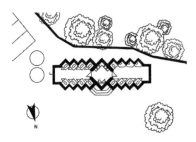

图 5-7　石崖公厕平面

图 5-8　石崖公厕剖面

图 5-9　石崖公厕立面

厕所建成之后，设计团队觉得该厕所整体外观显得过于灰色沉闷，于是用刷子顺着石材纹理，用鲜艳的油彩勾勒了两个朦胧的人物形象（图 5-10）。这两个奇特形象，引发了村民激烈的讨论：关于是男是女，关于男女特征，关于上厕所，关于形象所蕴含的特殊意义，这一独特的厕所标志提供了一个村民可以借题闲聊的话题。

图 5-10　顺着石材纹理勾画的石崖公厕独特标识

二、建筑构造上的"公与私"

在土峪村中有一块不规则场地，设计师将一个圆形建筑放入其中，作为乡村舞台（图 5-11）。利用舞台的高差，在舞台后面设置了公厕，既方便又隐蔽。建筑主体用红砖砌筑，在舞台的背景墙设计了 5 个砖拱包着石砌墙体，传承了村内"砖包石"的传统建筑做法（图5-12）。

图5-11　公厕前方舞台

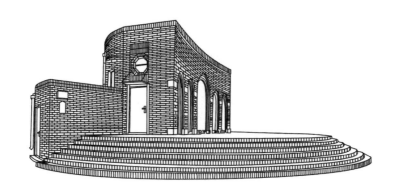

图5-12　舞台公厕外观

公厕选址在谷地中被填起来的平地（图5-13）。这里有一座原来可能是烤烟房，现在是豆腐坊的房子在边上，设计在保留豆腐坊功能的前提下展开。在上游跌落的台地跟前设置一个洼地小湿地，并设埋涵管与下游相连，用以缓冲可能发生的山洪。在豆腐坊及其对面，设置小亭市集和小型广场，日常可作为休闲设施，可多功能使用。舞台群体包括观众广场、舞台、演员内务室以及公厕，在平面上，是个完整的圆，舞台背景墙朝向豆腐坊，朝南，阳光灿烂（图5-14）。

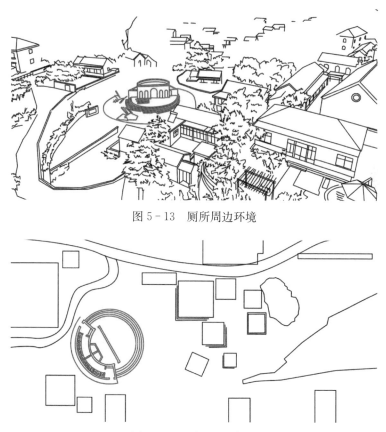

图 5-13　厕所周边环境

图 5-14　厕所平面布置

　　舞台抬升 1.2 米，台阶用砖头侧铺，形成几道优美的半圆弧线（图 5-15）。微弧的背景墙，采用村里常用的"砖包石"做法，做出五个砖叠砌成的拱券，里面是青灰色的当地石材，墙顶一圈砖花。细节点到为止，将土峪村里面的"土"与"洋"元素有所呈现（图 5-16）。演员内务室门口上方用砖砌出一个八角形窗，为室内采光（图 5-17）。

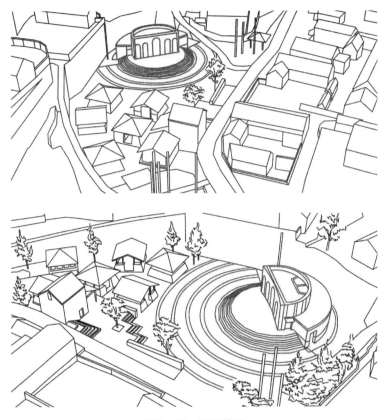

图 5-15　厕所效果

图 5-16　厕所建造

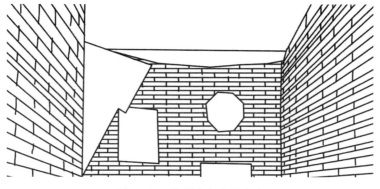

图 5 - 17 演员内务室的窗户

室内与背后的厕所屋顶，因有足够高差，所以设置了高窗，自然光充足。弧形一圈的公厕，自然也都有采光通风，面向山体（图 5 - 18）。

设计团队贯穿"节制"的理念，用空间组合来营造氛围，材料选用最乡土的砖、石、木和玻璃等基本元素，只是在必要的"眼睛"处增添了少许细节。将公共卫生间与小舞台奇妙地集结在一起，私密性与公共性混搭，以一种轻松的方式提升乡村生活品质。

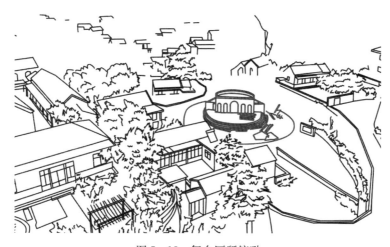

图 5 - 18 舞台厕所俯瞰

山东土峪村公厕的设计实践，有三点值得借鉴：一是运用当地周围的建筑材料（石块、砖头），沿用村里的"砖包石"做法。让公厕融入当地环境之中，消除村民的陌生、距离感，让村民感觉它本来就是存在于这个地方的。二是在平淡中增添一抹趣味的设计手法。石崖公厕的外墙面的厕所标志，舞台公厕的圆拱形门框、墙顶的砖花，点到为止，不过分夸张，一如乡村含蓄内敛，却蕴含着点点生机活力。三是公厕的公共服务的外延功能扩展。舞台公厕尤为体现，原本是只为村民建公厕，但随着设计团队的构思，反而更像专为村民娱乐文化活动而特意修建的厕所，公厕与舞台的结合，将两个很具有反差、争议的功能空间结合在一起，碰撞得以升华，美丽乡村的主题在此体现，一方面体现了乡村公厕的卫生、整洁，另一方面又表达了村民文化生活的丰富性。

第三节　广东开平塘口镇祖宅村景观公厕

设计单位	广州市竖梁社建筑设计有限公司
项目位置	广东省江门市塘口镇祖宅村
项目时间	2018 年 10 月—2019 年 6 月
项目名称	开平塘口镇祖宅村景观厕所
建筑材料	砖、瓦、钢、金属、石材
结构形式	砖墙
建筑面积	121 平方米

开平塘口镇祖宅村景观厕所位于开平市中部，设计选址在祖宅村旧公厕原址（图 5-19），将旧公厕拆除后的旧材料进行重新利用，完成了旧公厕和旧材料的双重新生。在建筑形态的设计中，设计选择了类地景化的处理，将卫生间部分功能区藏在一个供村民日常休闲娱乐、举办活动的大台阶之下（图 5-20），解决了公共厕所便利性与隐蔽性的矛盾关系。

在材料的选择上，设计团队将无法利用的旧砖瓦重新利用起来，让旧材料以一种新的方式沿用（图 5-21）。采用钢丝笼来让旧砖瓦形成统一，笼子内的砖瓦采用自由组合的方式，斑驳的旧砖旧瓦就像一段段本地的历史，将这些片段打碎，重新组织和拼贴（图 5-22）。

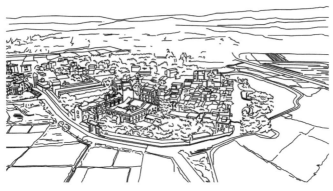

图 5-19　祖宅村全貌

图 5-20　村民休闲娱乐区

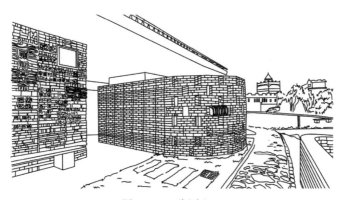

图 5-21　公厕入口

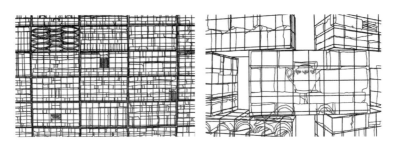

图 5-22 被重新利用的旧砖瓦

　　整个墙体的施工过程都遵循重力规则，越往上部的笼子，需要承受的质量就越小，垒砌的自由度也就越大，在材料上运用了更多的瓦、碎砖、旧茶壶等特别的材料，在砌筑方式上也采用了更多的镂空，使砖墙显得更加通透。日出或日落时，阳光透射进来，穿过这些砖墙的缝隙，洒落在地面或墙角形成金色的光斑，增添了建筑趣味（图 5-23）。

图 5-23 厕所内部阳光投射下形成的金色光斑

　　这些材料承载着整个场地过去的记忆，设计团队以一个碎片化的形式将它们放进新建筑之中，使整个场地在翻新后，依然能够找到一些关于过去时光的平常而动人的细节（图 5-24）。

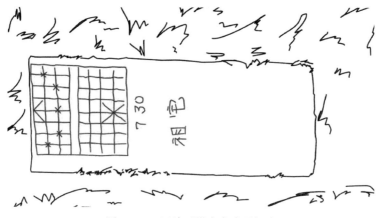

图 5-24　旧清石棋盘变成了汀步

广东开平塘口镇祖宅村景观厕所的设计实践，对公厕翻新有以下借鉴意义：旧材料的新组合方式，将旧砖瓦用钢丝笼统一起来，既实现了旧材料的重复使用，降低了建造成本，通过钢丝笼的统一，感官上是采用的新材料，又实现了翻新所要的"新"，同时一些老物件的穿插增添了生活内涵。

第六章　农村旅游公厕案例

　　乡村旅游是乡村振兴事业的重要组成部分。依托现有的自然、人文资源，很多地方掀起乡村旅游的热潮。在公厕达到国家相关标准的基础上，通过对其功能改进、科技注入和文化营造，打造服务、景观文娱功能型的旅游公共厕所，不仅创建了干净卫生的如厕环境，更可以成为乡村旅游的爆点话题。本章根据不同类型的景点，分别列举了以配合景区山水资源的新宁县崀山旅游公厕，迎合节日聚集而造的青龙县石城子村旅游公厕，配合农业、当地文化特色的陕西佳县古枣园公厕。

第一节　新宁县崀山旅游公厕

一、新宁县崀山旅游景区

　　崀山景区位于湖南省西南部的邵阳市新宁县境内，南接广西桂林市，北邻湖南张家界市。总面积 128 平方千米，其中核心景区 66 平方千米，缓冲区面积 62 平方千米。有"丹霞之魂，国之瑰宝"的美誉，著名诗人艾青有诗为证：桂林山水甲天下，崀山山水赛桂林。

　　近年来，崀山景区在相关部门的支持下，实施湖南省"北有张家界，南有崀山"的旅游发展新格局，创建国家 5A 级旅游景区，积极推进"厕所革命"。2014 年起，崀山景区投入 3500 万元，全面实施了旅游厕所建设提质工作。在辣椒峰、八角寨、天一巷、夫夷江景区和北大门综合服务区等地新建、改建生态旅游厕所 22 座，新建蓄水池 28 处；新建配套生态污水处理系统 5 套，恢复污水处理系统 6 套，新建生态污水处理池 5 处，以及对其他旅游公厕的全面维修整改和规范服务管理工作。实现了国家旅游局就全国旅游区"厕所革命"提出的"数量充足、干净无味、免费实用、管理有效"的目标（图 6-1）。

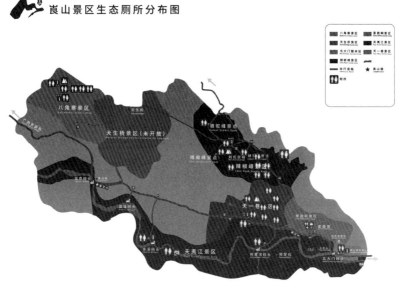

图 6-1　崀山景区生态旅游厕所分布图

二、崀山生态旅游厕所的实施要点

原先厕所理念只是停留在"能避雨，有蹲位、可遮羞"3 个层面上。现在的厕所理念是"生态环保、数量充足、干净舒适"。为了创建国家 5A 级旅游景区，崀山旅游区厕所新建与维护，严格按照国家 5A 级旅游景区评定要求，高标准规划布局和建设。崀山申报的旅游面积为 86.8 平方千米，已新建和改建厕所 22 座，平均 3.7 平方千米就有一座厕所，在景区游览过程中能满足半小时内有旅游厕所的服务要求，这在山岳型环境条件的景区是不多见的。

崀山旅游区是以丹霞景观为主要旅游元素的山岳型景区。在修建生态旅游厕所的时候，如果按国家旅游局颁发的《服务质量与环境质量评分细则》，对照创建国家 5A 级旅游景区旅游厕所的相关指标，景区内所有厕所均要达到三星级，对于崀山景区来说是一个难题。三星级旅游厕所，面积要达到 60 平方米，男女厕位比例 5∶5，蹲位比例 3∶7，还要设置无障碍通道和残疾人厕位等。对一个世界自然遗产地，如果大面积破坏山体和景观进行施工是行不通的。为了既遵照标准，又结合实际，山上的厕所因势而建，山下的厕所所有要素齐全，在建设和管理中做到

"高起点规划，高标准建设，高品质服务"。

（一）领导重视，建设紧贴质量标准

景区生态旅游厕所建设工程零星分散在景区的山岭峡谷，材料运输难、取水征地难，涉农矛盾多、工期紧，施工环境差，项目实施难度极大。县领导及专家多次亲临现场指导，要求崀山管理局根据旅游区的实际情况和游客的需求，把景区旅游厕所打造成为全省旅游厕所的新亮点和示范点。

（二）科学布局，突出生态环保理念

崀山生态旅游厕所的建设落实"每半小时的行程必须要有一座厕所"的规范要求，根据实际的地形地貌，做了统一风格、方便实用、就地取材三点规划。统一风格，即木架框、坡屋顶、白墙青瓦的湘西南文化建筑风格。方便实用，即主体建筑距离主游步道不超过 50 米，且建在隐蔽、采光、通风良好的地段。就地取材，即景区厕所全部采用景区外围的本地天然石材、木料等环保型建筑材料，结合先进的工艺施工，体现了生态环保理念。对排放物进行集中回收处理的生态化，建筑达到与周围景观相协调的基本要求。

具体体现在：一是选址科学。辣椒峰（图 6-2）、天一巷（图 6-3）、夫夷江（图 6-4）、八角寨（图 6-5）四大景区按照游线距离、地理位置、旅游要素等因素，以半小时行程修建一座厕所的要求，科学合理地对景区旅游厕所进行布局，尽量满足游客的需要。二是施工环保。崀山景区生态厕所智能处理系统采用的工艺技术以上海交通大学环境工程学院的节能型模块化分层生物滴滤池处理技术（Multilayer Combined Biotrickling Filter，MCBF）为核心，配套自动化控制新技术，对景区的旅游厕所排放污水进行无害化处理。处理后排放的污水水质达到国家级排放中的 A 级标准。三是技术先进。崀山旅游区生态厕所 MCBF 工艺技术的特点：①基建投资省。MCBF 技术的微生物以固定式生物膜的形式存在，大大提高了单位反应器体积内的微生物浓度，从而可有效地提高反应器的容积负荷，增强了系统整体处理能力和处理效果，节省占地面积、降低基建投资。②运行费用低。MCBF 工艺简单，供氧方式独特，不需采用鼓风机曝气，从而避免了由此引起的高能耗，极大地降低了运行费用。③耐冲击负荷能力强。MCBF 技术根据进水污染物浓度，通过调节回流比可达到不同的容积负荷，由于填料表面存在多种生物菌属和较多的活性污泥含量，因而具有很强的抗冲击负荷能力。④系统产泥量

少。工程实践表明，MCBF 系统和其他膜生物反应器一样污泥保有量大，污泥消化率高，因而剩余污泥量远少于活性污泥处理系统。⑤无噪声等二次污染。由于 MCBF 系统不需要鼓风曝气而避免了风机造成的噪声污染；同时由于 MCBF 系统不采用曝气供氧而使污染物转化为二氧化碳和氮气，且采用喷淋布水技术具有吸收气体污染物的能力，因而污水中的有机废气扩散到周围环境中的含量大幅度减少，臭味相对较轻。

（三）以人为本，攻克水源难题

以"游客满意"为最高目标，以"干净无味"为基本要求，日常使用中严格执行环保措施，每个景区都配备一个生态污水处理池，由于山高路陡，落差近 400 米的八角寨景区至云台寺景点的厕所需 6 级扬程提水；骆驼峰景点需要 4 级扬程提水才能将山下水运送到山顶蓄水池。水源有了保证，就能将污水集中处理至国家一级排放标准，从而达到生态环保的目的。

图 6-2　辣椒峰景区厕所分布

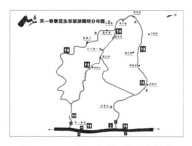

图 6-3　天一巷景区厕所分布

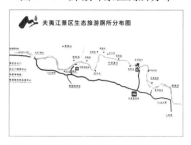

图 6-4　夫夷江景区厕所分布

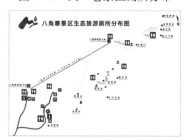

图 6-5　八角寨景区厕所分布

选址科学：厕所的修建位置选择在临近游步道（图 6-6、图 6-7），景观视眼隐秘处（图 6-8），四周均有绿树花草烘托（图 6-9），既突出生态环保，更注重色彩的融合度和方便游客使用。

图 6-6　天一巷景区出口厕所

图 6-7　骆驼峰山顶厕所

图 6-8　林家寨观景台厕所

图 6-9　天一巷楼外楼厕所

布局合理：景区游览过程中，确保步行 30 分钟内能提供厕所服务（图 6-10）。就近取水，分级供水（图 6-11），实现景区水冲式生态旅游厕所全覆盖。

图 6-10　八角寨索道管理中心厕所

图 6-11　辣椒峰景区的供水房

施工环保：采用环保材料（图 6-12 至图 6-16）。

图 6-12　木架作墙

图 6-13　坡屋结构

图 6-14　青瓦盖顶

图 6-15　原石

图 6-15　装饰木料

图 6-16　排污管

　　新宁崀山旅游公厕的建设实践，有三点启发性：一是"政府主导"是旅游厕所建设提质工作推进的前提及保障。新宁县以创建全国旅游标准化示范县和崀山创建国家 5A 级旅游景区为契机，依托湖南省发展文化旅游特色县域经济项目资金和县财政配套资金，全力投入，从而实现了景区旅游厕所"数量充足、干净无味、实用免费、管理有效"的目标，收到良好的社会效应和生态效果。二是"部门主体"是旅游厕所建设提质工作推进的基础。作为主体单位的崀山风景名胜区管理局的全体成员，群策群力，实地考察，在克服山形地貌、污水处理上发挥了积极作用，在"突出地域性、融入文化性、彰显人文性"等方面精心规划、设计和施工，使旅游厕所的设计风格、建筑施工、标准服务、厕位、环境、标识、洁手设备按预定标准完成。三是"管理规范"是旅游厕所建设提质工作推进的保证。严格实行生态旅游厕所"有制度、有人员"的管理措施，负责生态旅游厕所的管理和维护工作。同时加强工作人员的培训教育，组织参观学习，保障生态旅游厕所的常态化保洁。每个厕所都公布了责任人、责任领导和管理制度，并建立了保洁登记本，厕所内每 2 小时进行一次检查，有效保证了生态旅游厕所的卫生保洁、使用方便、感觉舒适的常态化。

第二节　青龙县石城子村旅游公厕

设计单位	傅英斌工作室
项目位置	河北省青龙县石城子村
项目时间	2019 年 9 月
项目名称	石城子村公共卫生间
建筑材料	木材、彩涂压型钢板、PVC 管
结构形式	木结构
建筑面积	33 平方米

一、青龙县石城子村旅游开发

青龙满族自治县隶属河北省秦皇岛市，全县面积 3510 平方千米，人口约 57 万人，素有"八山一水一分田"之称。该县位于京津冀重要的生态功能区，享有"板栗之乡""苹果之乡""黏豆包之乡"等美誉。

近年来，青龙县的石城子村依靠自身的环境资源着力发展旅游与农产品相关产业，取得了显著的脱贫成果，被选为 2019 年中国农民丰收节的分会场之一。为了解决丰收节期间大量来访人群与后期游客的如厕问题，需要在丰收节开始前的短时间内，快速建造一个简易、低成本的公厕。

二、石城子村快速简易性公厕

公厕选建在山脚下的一处凹地，地面平坦，西北面邻挨河道，其余三面被树林包围（图 6-17）。场地仅有沿河道的一条小路与安置区的空地连接，场地如何与外界连通成为设计中需解决的关键问题。

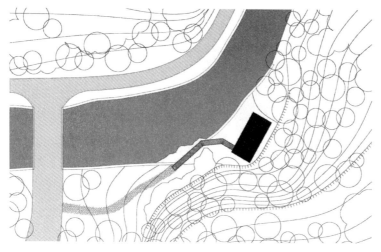

图 6-17　公厕外观

整座公厕由厕所主体与栈道构成（图 6-18），主体部分被一长片彩钢板覆盖，塑造出一个完整的矩形体量，长边沿河道展开，占据了整个凹形场地。依托于小路设置的弯折栈道，将厕所主体同外部场地连通。厕所主体部分横向占据，栈道顺河道与山势方向的延展均使整个公厕与场地更为契合，并且也有效地引导了人群行走的方向。

图 6-18　总平面图

为满足低成本与快速建造的需要，设计团队选择了木材与彩钢板作为建造的主要材料，并分别用于整体的结构与围护。这一公厕的结构包含两种木结构单元（图 6-19），分别被用于厕所主体与栈道。设计团队选用了 50 毫米×100 毫米尺寸的木方，通过预先在工厂的加工，可以实现在现场的直接拼装，极大地缩短了工期与减小了建造的难度。两种木构单元的形式均为受力逻辑下的基本表现，水平、垂直与倾斜的拼钉组合构成了稳定的结构体，而且不用其他多余的构件。

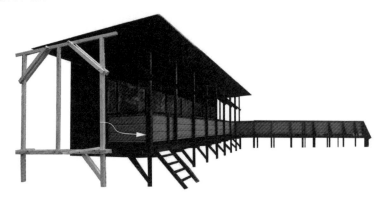

图 6-19　木构架单元

厕所主体的顶面围护与栈道的侧向围护都采用彩钢板（图6-20）。两种方向的彩钢板形成了一种水平与垂直向度的对话。作为围护，彩钢板具有其独特的自身优势：模块化与组件化、安装快速、效率高，还有彩钢板自带的结构纹理。

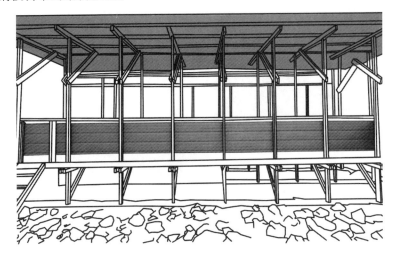

图 6-20　彩钢板作为水平与垂直向度的围护构件

工艺技术演进下的彩钢板又被称为彩色涂层钢板，是彩涂板的一种。其意义上的前身可被认为是发端于19世纪30年代的波纹铁。将铁片做成波纹形状用以提高其自身强度的原理在当时就已众所周知，并且波纹铁似乎带有与生俱来的作为围护结构件与预制化的特点，它坚固、防水、组件化、易于安装，具有可移动性。然而波纹铁也是在经历了几次生产工艺的演进之后才得到推广与普及。起初波纹铁的生产效率极低，过程烦琐且价格昂贵。随着制作工艺与技术的日益完善，波纹铁的生产成本降低且成为大众容易获得的一种材料，其经济性也更加契合自身与生俱来的预制性与快速性。

红色彩钢板的凸显：在当今的农村建设活动中，彩钢板以其低成本、实用性强、坚固美观、施工方便、可再利用等优势，成为一种被普遍使用的快速建造材料。设计团队认为乡村建设应从当今农村的现实情况入手，不必过分拘泥于"传统"。对于农村建设中喜闻乐见的材料，如彩钢板，也不必过分排斥与拒绝。因此，在此次公厕的快速搭建中，设计团队将彩钢板作为建造亮点，并选择了与周围环境对比强烈的红色作为表征，使彩钢板成为此处的视觉焦点（图6-21）。

木材的"反转"表达：此地附近有一家木材厂，木料的获取、加工与运输都较为便利，因此，设计团队选择了木材作为此间厕所的建造材料之一。在设计中，设计团队在颜色上对木材做了简单但却大胆的处理，将其全部涂黑。黑色作为背景色，在视觉上达到了某种程度的消隐，并削弱了结构节点的明晰度；与此同时，也进一步凸显了红色彩钢板的"主角"地位。

图6-21　作为主角的红色"彩钢板"和黑色木扶手

在人们平常的印象中，木材总是给予我们温暖、舒适、易亲近的感觉。这次设计团队给木材覆上了一层黑色外衣，打破了固有印象，实现木材的去材质化，让其似乎有了钢材那种冰冷坚硬的表征效果（图6-22）。当人们离厕所还有些距离未接触时，黑色预先在人的脑海中做了"可能是钢材"的铺垫，这是一种由现代城市经验所驯化而来的结果。而当人们实际踏上木栈道，触摸木栏杆之时，木材所带来的亲切感将之前的心理铺垫瞬间打破。这种预设观念与实际体验的反常合道，让木与钢的隐性对比更为强烈。木材与彩钢板的搭配也是想让更多人意识到，在当前乡村建设中，材料交叠混杂的真实现况。在这种现况下，作为设计者，该怎样去组织处理各种材料，做到混而不杂、不乱，是需要设计师们用心去考虑的。

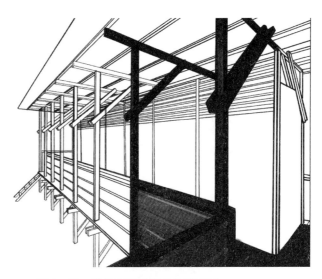

图6-22　黑色削弱了节点的明晰度

当下部分农村推行的"改厕运动"简单且粗暴，带来了诸多问题。如在缺少管网与水处理设施的情况下使用水冲厕所，不仅浪费了水资源也产生了更大的污染。农村改厕实际是观念的改变，而观念的转变不应一味地选择好的，而要因地制宜地做出合理化的选择。

板栗种植是石城子村的主导产业，也是村民收入的主要来源。由于近年来大力推广生态农业，对农家肥的需求日益增多。而传统旱厕粪尿不分离，混合的粪尿作为肥料无法很好地发挥作用，并且异味严重，同时也存在很多卫生问题。

　　基于对农家肥的需求与快速建造的理念，设计团队在此次设计中选择了粪尿分离的生态厕所技术。粪尿分离式生态厕所（图6-23）是一种将粪便和尿液进行分别收集和处理的厕所模式，粪便的单独收集有利于无害化处理，并且减少粪污的体积；尿液在密闭低温条件下的单独收集可以减少尿液的分解，保证肥效。尿液分开的收集与处理，使得二者作为生态肥料都能够得到最大限度地利用。选择这一模式不仅克服了场地内无下水管网的问题，也收集处理了农家肥，为粪尿分离式厕所的推广起到示范意义。

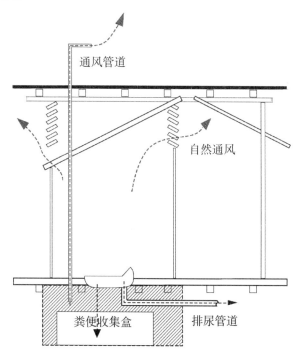

图6-23　粪尿分离厕所单元

　　厕所总共设置4个蹲位与3个小便池，每个蹲位单元下有单独的粪便收集盒，而所有的尿液均汇集到蓄尿桶中，方便尿粪的分别处理与再利用。为解决厕所的通风排气问题，设计团队在每个单元的上方设置了排风格栅，并在 4 个蹲位单元内安置了连通室外的垂直通风管。

对于材料的选择，设计团队注重从现实与实际情况出发，关注原材料的易获取程度、施工加工难度与经济性，如此次设计中根据当地现况而选择的木材；同时也采用展示当代乡村的材料，如设计中突出表现的主角——彩钢板。在各种条件的限制下，往往能够获取到的材料种类有限，且个性差异明显。面对这些交叠混杂的材料，在尊重当地村民建造习惯与经验的基础之上，运用设计从业者自身的专业知识去做规范与引导的设计，而当这些设计起到好的效果时，反过来也会对村民起到启发与示范的作用。

石城子村快速、简易旅游公厕的建设实践，有如下三点启发：一是在快速建造与低成本的限制下，采用农民群众易于接受且喜爱的现代材料——彩钢板，遵循就地取材原则选择木材，充分发挥这两者的材料特性。二是善用色彩表达设计语言，红色凸显彩钢板，深层次传达作为设计从业者的思考，不必刻意地在原始材料中寻求乡土气息。黑色隐藏木材结构，进一步地表达在乡村建设中，材料交叠混杂的真实现况，如何化繁为简是要深入思索的。三是结合当地实际，采用粪尿分离的生态厕所技术，既克服了场地内无下水管网的问题，也更好地收集处理了农家肥。

第三节　佳县古枣园公厕

设计单位	北京原本营造建筑规划设计有限公司
项目位置	陕西省佳县泥河沟村
项目时间	2016 年 10 月
项目名称	枣园旱厕
建筑材料	石材、木材、竹材
结构形式	石砌
建筑面积	12 平方米，15 平方米

一、佳县古枣园

陕西古枣园公厕位于陕西省佳县泥河沟村，设计要解决的问题有两点：一是提升古枣园村落范围内所有厕所的条件；二是在水资源稀缺的西北地区，新建或改造的旱厕满足无菌、无臭等卫生条件，低成本且自然、轻微地融入古朴参差的枣林之间。

在规划与建设中，当地旱厕的卫生困境让设计团队深有体会。乡村旱厕，是脏乱差的指向，被当作环境卫生治理的要务。如今，来自西方、遍布中国城市的水厕开始大规模取代乡村旱厕，几乎演变为一种社会运动。水厕的卫生，靠的是巨大的水量冲淡少量的排泄物，再通过污水管网排出。相比之下，传统乡村旱厕具有几乎不耗水的好处，且能将粪尿作为农肥再利用，是传统农耕体系的重要一环。

在水资源稀缺的西北地区，新建或改造的旱厕要能满足无菌、无臭等卫生条件，低成本且自然、轻微地融入这片古朴参差的枣林之间。厕所在建筑中分量往往不大，被消隐于边缘角落。改造旱厕，如何低成本解决厕所的排污净化与资源化利用，是首要反思的问题。毕竟从整体环境来看，西北传统村落水资源稀缺，并没有城市完善的管网与处理系统。此外，文化遗产上的认定，使得古枣林中散布的传统旱厕粪肥模式本身，成了需保护的对象之一。这处村落，被联合国粮农组织认定为全球重要农业文化遗产，因此除紧挨聚落的 36 亩（1 亩≈667 平方米）千年古枣林外，枣、粮、蔬间作的传统精细农耕及粪肥灌溉系统也是其重要特质。

设计团队在古枣园村落范围内，对当地厕所进行了专项调研（图 6-24）。它们有以下特征：

（1）均建在室外，围绕一个蹲坑形成空间，具有强烈的原型性。

（2）两百多处厕所从物料的选择上可分为传统石砌旱厕与当代红砖旱厕两类。旱厕的石头取自村落周边石山，是当地传统窑院建造的主要材料；而红砖则因为施工成本低廉，由村外砖窑运入，却大多以更低质量的方式建造，甚至压上更廉价的蓝色彩钢板，通风采光全无，关上门后一片漆黑，臭味难耐，如厕时让人片刻不敢久留。在古枣园旱厕类型中，让人印象最深的是露天卵石旱厕，它的堆砌几乎不像个厕所，但又精确到一般人的视线高度。

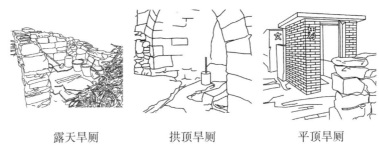

露天旱厕　　　　　　　拱顶旱厕　　　　　　　平顶旱厕

图 6-24　泥河沟村旱厕类型

（3）有的和枣林围墙（图 6-25）合在一处，留个小豁口，不经意便转入其间；有的在窑洞门口围着一棵大树，顺势而成，枝繁叶茂的树冠成了天然的屋顶。虽然简陋，却透着一种原始的朴素和自在。围墙轻松自如地应对场地，随着物体的变化围墙变换形态，与场所进行着最直接自然的对话。

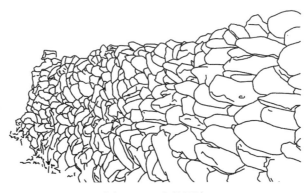

图 6-25　枣林围墙

二、古枣园生态旱厕

设计尝试建构一种最小化的单元改造模式，以蹲坑尺寸为模度，利用石头、树枝、柳条等当地物料。在保证视线私密的前提下，最大限度降低墙的高度，以减小厕所体量，并生发出一种自由平面，来应对村落建设场地的不定、土地所有权的复杂，以及古枣林扭曲参差的树权。正如古枣园石垒矮围墙，跟随地势，因树造形，隔墙低处可做洗手池，再低处可作为等候休息之用。屋顶及男女厕之间的缝隙则让枣林景观从多角度渗透进来（图 6-26）。

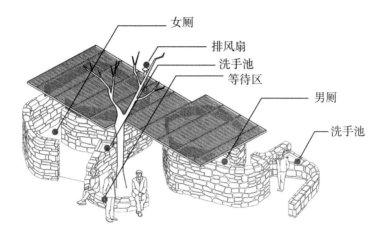

图 6-26　旱厕枣林轴测图

　　旱厕内部品质的提升关键在卫生问题，为此原本营造团队与清华大学可持续与生态研究中心对国内外最前沿的旱厕卫生技术进行了深入探讨（图 6-27），前期试图采用粪尿分离和 EM 菌粉土技术，通过微生物好氧发酵，降解粪便，除臭、除蝇、除蛆，减少致病菌滋生。好处在于操作方便，造价低，粪便降解后亦可作为肥料使用。加之与建筑相关的构造处理，可总结为四点：①自然采光通风（自循环）；②机械拔风（辅助）；③生物吸附（除臭除蝇）；④器型设计（钥匙孔型蹲坑改良）。

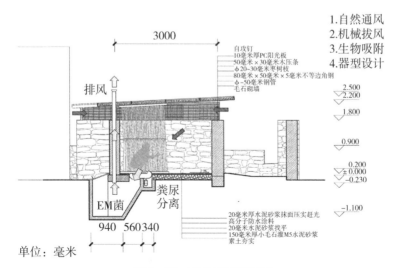

图 6-27　枣林旱厕剖面图

　　在经过一系列调研思考与设计探究后，设计团队在古枣园建造了两处厕所。厕所选址有意识地决定与古枣林中最重要的两处历史要素发生关联，一为枣园碑，二为古戏台。这两处人流量较大，正好借此机会将附近原有的简陋旱厕改造重建，提升这片区域的整体品质，让旱厕与古枣林、遗迹重新达成一种差异性的自在共存。

　　第一处厕所选址在枣园碑后侧，场地内生长着枣林中最古老的一棵枣树，近1400年树龄，是整个古枣林遗产的核心地带。而这处原有一位残疾村民盖的红砖旱厕，非常简陋，且管理不善（图6-28）。借新建厕所的机会，设计能将这处场地的氛围重新塑造（图6-29）。

图6-28　枣园碑旱厕改造前　　　　图6-29　枣园碑旱厕改造后

　　由于土地产权问题，需在原厕所地基上进行新建，用地紧张，设计运用原本设想的最小单元建造模式，通过卵石曲墙围绕一个蹲坑合成两个"子宫"般包裹的形体空间（图6-30）。

图6-30　枣园碑旱厕（正面）

曲墙低处控制路径，并设置洗手池（图6-31），驻场建筑师还在现场发现，适当调整这处洗手池的位置，可以让人洗手弯腰时直面不远的枣园碑，赋予这块场所一定的仪式感。

图6-31 枣园碑旱厕（正面）入口洗手池

旱厕屋顶做得尽可能轻，利用附近工程用的螺纹钢，如参差不齐的枣树枝一样将屋面顶起（图6-32）。阳光板下覆苇帘，同时在蹲坑之上设置取景天窗，让枣林的绿意渗透进来，希望人们在此停留的片刻，感受另一种尺度的枣林空间。为保证空间的纯粹性，通风管道、电线尽量暗藏，灯光全隐藏在极薄的苇帘内，电线穿钢管而下，晚上变成了一个散着暖黄柔光的飘浮屋顶。

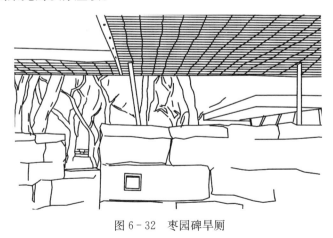

图6-32 枣园碑旱厕

另一处公厕建于古戏台附近，位于古枣林与窑洞聚落之间的巷道，也是村里"人市儿"（蹲坐聊天）的聚集地，使用频率高。在那需要做更多蹲位厕所，且需考虑冬天保暖要求。因此厕所采用空间更经济的方形，形成带保温的厚重屋顶（图 6‒33）。

图 6‒33　古戏台旱厕

在原设计模式中，屋顶与墙体依然脱离，形成狭长的采光通风高窗，并充分利用场地的高差，而背向枣林处形成高台，加大窗户尺度，让枣林的景观纳入厕所内部的走廊空间。男女厕所依旧分离，形成高低差异，错落地置于枣林巷道边。

驻场建筑师杨秉鑫认为："解决现场施工问题的同时深入了解当地传统做法和村民的需求，而不是孤芳自赏地炫技，把乡村当作实验场。相比方案的完成度，村民共建本身的意义要更大。"

乡村与城市的差异，决定在地建造模式更多的是一种适宜技术的柔和应用，也是多层关系、矛盾的自然呈现。另外，更漫长的后期管理维护成为保证建筑品质的重要因素。

虽然在设计时考虑了很多日常清洁问题，包括发动村民编织柳条垃圾桶、卫生莛子，放置花生壳等吸味材料（图 6‒34）。但两个厕所由于公私属性的差异，卫生环境天壤之别。这也让原本营造团队对乡建的软性部分有了更深的经验认识。

图 6 - 34　村民编柳条垃圾桶

　　相对于个性鲜明、造型时尚的设计而言，古朴的枣林和窑洞聚落诱发寻找一种弱化设计痕迹，更具原生力量的自然建造方式，它折射出原本营造团队对于佳县古枣园及泥河沟村的这处全球重要农业文化遗产地与传统村落保护与建设的初衷。如罗兰·巴特听完一位乌克兰歌唱家的演唱后描述的："那是从他脏腑深处发出的声音的颗粒。"

　　设计团队更希望寻求一种中国式的"实境"呈现，率直天真、淡然沉着，像一个亭子或一个房子，形成另一种停留方式。

　　陕西古枣园公厕的设计实践，有三点值得借鉴：一是真实地融合当地的实景呈现，传统石砌与包裹结构，弱化设计痕迹，体现对农业文化遗产地与传统村落的保护与建设。二是动员村民参与建设，实现共建，发动村民编织柳条垃圾桶等，激发村民们的主人翁感从而产生维护感，从另一个纬度提升村民的文明意识。三是新技术的运用，虽是村民们熟悉的旱厕，但同时满足了无菌、无臭、生态化要求。

第七章　农村普通户厕案例

2020 年是全面建成小康社会目标实现之年，也是农村人居环境整治三年行动计划完成之年。户厕改造工作持续推进，本章列举了牧区的内蒙古自治区锡林郭勒盟西乌旗的户厕改造、改厕全覆盖的宁德市农村人居环境整治、湖南衡阳的"三格化粪池＋人工微湿地"模式。

第一节　内蒙古自治区锡林郭勒盟西乌旗牧区户厕改造

牧区户厕改造是改善牧区环境卫生面貌，提高牧民生活环境质量的一场革命，主要是对粪便进行无害化处理，减少粪便中病原体传播的机会，预防肠道传染病和寄生虫病，保护牧民的身体健康。

为进一步提升牧区人居环境水平，建设美丽宜居乡村，全面改善牧区人民群众人居环境，不断满足人民群众日益增长的美好生活需要，西乌旗全面开展牧区户厕改造工程。

一、改造模式

《锡林郭勒盟牧区户厕改造实施办法》（锡署办发〔2019〕21 号）指出：

（一）合理选择改造模式

按照绿色发展理念，根据牧区实际情况和牧民意愿，因地制宜，合理选择适合的改造模式。

1. 牧户住房具备上下水，户内具有改厕条件，且居住相对集中、距离污水处理厂较近的，优先推广使用三格化粪池水冲式工艺户厕。

2. 污水处理厂覆盖不到或不具备上下水条件，家中具备电源的，优先推广使用微生物可降解户厕。

3. 还可选择建设庭院式微生物降解户厕。

（二）优化改造程序和标准

牧区户厕改造原则上以牧民自建为主，采取牧民自愿申请、嘎查村委员会确认、苏木政府统计，旗县市（区）人民政府（管委会）负责提供三格式化粪池水冲式厕所设备厂家和微生物免冲洗设备入围企业名单，由牧户自行选择建设模式，确实没有自建能力又有改厕意愿的，旗县市（区）人民政府（管委会）可以统一建设。

1. 改造程序：签订协议，组织实施，竣工验收。

2. 改造标准：按照《农村户厕建设规范》《农村户厕卫生规范》和《粪便无害化卫生标准》进行牧区户厕改造工作。

3. 采取适当措施进行后期维护。

4. 通过财政"一卡通"将补助资金发到户厕改革对象。

（三）细化改造建设方式

1. 水冲式户厕建设方式。由厕室、便器和三格化粪池组成。①住房预留卫生间的，直接进行三格化粪池处理系统安装。②住房没有预留卫生间的，需建设厕室与主房进行联通。

2. 免冲式生物降解户厕建设方式。该设备为一体化设备，主要由微生物菌群和主体设备组成。①住户有预留空间（如太阳罩内）和其他附属房屋的，可直接进行安装或建设玻璃房屋一体安装。②没有可安装空间的或不愿意在住房内设置户厕的，经住户同意后可建设附属房屋安装。

3. 庭院可降解户厕建设方式。庭院户厕建设主要由地上厕室和地下处理系统组成。地下处理系统由长 3 米、直径 80 厘米的两层 PVC 含钢线的波纹管，容量约 1.5 吨，底座为微生物降解设备组成。

（四）采用先进改造工艺

微生物降解户厕技术作为牧区分散住户户厕改造的主要方式（图 7-1、图 7-2）。

图 7-1　生物菌降解户厕　　　图 7-2　水冲式卫生户厕

1. 主要工艺：通过选育优化以粪尿为营养源的专用复合微生物，利用微生物为能量中枢，将粪尿分解成二氧化碳和水蒸气直接排出，实现自身的快速繁殖和粪尿减量。

2. 工艺优势：免冲洗原位降解技术，不需水冲，可实现粪尿就地无害化、减量化（减量化达到95％）。

3. 使用条件：冬季菌群温度要控制在10℃以上，禁止任何生活垃圾（如塑料袋、包装盒、餐具、衣服等）、雨水、酒精或生活污水进入降解池内。

4. 技改后设备：正蓝旗冬季通过在设备底部安装两块竹纤维加热板辅助加热系统将温度调试在10℃，并采取智能化调控，引风管道电阻丝加热，解决引风管结霜问题的改造，设备运行基本稳定。

（五）保障措施

1. 加强组织领导：牧区改厕工作关系到改善牧区环境和卫生条件，是对传统观念、生活方式、环境建设的深刻革命。形成党委统一领导、党政齐抓共管、全社会共同参与的领导和工作机制，统筹推动改厕工作顺利实施。

2. 专项动员部署：精准核实具有草场证的纯牧户数据，详实统计有意愿改造户数、改造计划、改造模式，并进行登记造册，做好年度改厕台账，夯实牧区户厕改造基数。

3. 典型示范的辐射能力：从锡市、阿旗、东乌旗、西乌旗的嘎查"两委"成员和党员中心户率先建设2～3个样板厕所作为示范，对道路沿线的分散牧户全面开展户厕建设，形成以户带户、以嘎查带嘎查的工作格局，重点推动全盟户厕改造工作。

二、改造特色

（一）强化质量监管

按照"统一施工队伍、统一施工标准、统一检查验收"的原则，选择改厕所需厕具设备、附属房屋建设、微生物降解技术的厂家和企业，组织技术力量加强施工现场质量安全巡查与指导监督，确保工程质量和安全（图7-3）。

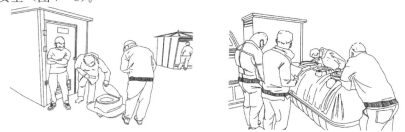

图7-3　户厕样品现场展示会

（二）建立管护长效机制

坚持建管并重原则，建立政府引导与市场运作相结合的后续管护机制。城镇污水设施能够覆盖区域优先推广水冲式户厕，抽污由城镇环卫部门抽取，配足吸污车辆，将此项工作作为各地政府城乡一体化和公共服务事项的主要内容之一；微生物降解户厕由厂家在盟区南部、西部、东部分三个区域设立技术服务站，开展技术和维护服务。

（三）营造良好氛围

充分利用报刊、广播、电视等新闻媒体和网络新媒体，广泛宣传改厕的重要意义，使改厕工作做到家喻户晓，推动改厕工作顺利开展。通过示范观摩、发放宣传材料、微信群推送、入户解答等多种方式，提高牧民群众的自我宣传能力，增强主动参与改厕工作的自觉性，营造牧区户厕改造工作的浓厚氛围。

第二节　福建宁德市农村人居环境整治

《宁德市强化机制创新　推动农村人居环境整洁》入选我国唯一一部专业记录地方全面深化改革实践和成果的大型书刊《中国改革年鉴2019》，宁德市始终传承习近平总书记在宁德工作期间关于"三农"工作的思想精髓和探索实践，深入推进农村人居环境整治，在全国率先完成全部行政村改厕改水，并实现所有行政村生活垃圾处理和所有乡镇污水处理全覆盖。2019 年 5 月，全国农村人居环境整治暨"厕所革命"现场会在宁德市召开。农村厕所粪污治理是推进农村厕所革命的关键，重点是解决粪污无害化处理问题，在此基础上积极推进资源化利用。

一、改造模式

以县域为单位，统筹规划分类推进突出县级主导作用，按照"一县一个实施方案、一县一套建设模式、一县一种补助办法"的思路，推进改厕改水工作取得大突破。科学编制《宁德市农村厕所改造技术指南》，加强全程技术指导，合理确定农厕改造方式、污水处理工艺，引导群众选择既经济又符合生产生活需求的改厕技术方案。

二、改造特色

（一）科学制定奖补政策

市财政 3 年共计安排 4000 万元作为改厕改水奖补资金，各地按照"渠道不乱、用途不变、统筹安排、形成合力"的要求，进一步用好用活资金奖补的有关政策。探索推行"统一设计方案、统一安排施工、统一采购建材"的"三统一"做法，能节约 20%～30%的建设成本。

（二）加强宣传教育

各基层党支部注重将思想发动贯穿于改厕改水全过程，通过印发宣传画、发放明白卡等方式，多形式、全方位宣传改厕改水科普知识、补助政策等，提高群众对改厕改水工作的认识，实现由"要我改"向"我要改、必须改、马上改"的转变。

（三）强化示范带动

按照"县有示范乡镇、乡镇有示范村、村有示范户"的思路，在每个乡镇重点确定 1～2 个村，每个村重点选择建设 1～2 个改厕示范点。各党支部将改厕改水工作纳入党员设岗定责重要内容，由党员带头示范或挂钩指导，激发参与建设的积极性、主动性。

（四）建立常态化管护机制

牢固树立"三分建、七分管"的理念，采取散户"自用、自管"、村级"农户＋专业"的模式，积极做好农厕及污水处理设施日常维护管理，聘请专业人员为农户提供技术指导和专业咨询，确保设施正常运行。

三、保障措施

（一）明确任务、明确责任

市、县、乡、村层层签订目标责任书，明确责任单位、责任人和完成时限要求，切实把改厕任务落实到村、到户、到人。重点部署、重点推动。自加压力，决定比原计划提前一年时间，即用 3 年时间，全面完成全市农村改厕改水任务。市委、市政府将改厕工作作为市领导每月"无会周""四下基层"工作内容予以指导推进。普遍建立市级成员单位负责人挂县，县级成员单位负责人挂镇，乡镇（街道）班子成员分片包村，村两委干部每人挂钩 1～3 户改厕户的四级联动机制，推动任务层层部署落实到位。

（二）强化督促、强化检查

出台《宁德市农村改厕改水工作督查方案》《宁德市农村改厕改水年度工作检查和验收办法》，由组织部和住建部门负责，加强专题调研和督促检查，定期掌握、通报工作进展情况。将完成情况纳入县（市、区）年度绩效考评范畴和重点组织工作集中检查考评项目；将改厕改水工作作为一线跟踪考察干部的重要内容，注重在加快推进改厕改水工作中考察、识别干部，激发各地抓改厕工作的积极性。

四、福建省宁德市周宁县泗桥乡

该乡覆盖 12 个行政村。2017 年以来，紧紧围绕"四个相结合"（政府主导与全民参与相结合、统一谋划与因村施策相结合、集中建设与长效管理相结合、改厕改水与乡村发展相结合），制定"三个统一"（统一规格、统一规划放样、统一组织验收），探索推广"三化"（污水净化、粪污资源化、管理常态化）治理模式。在建设投资方面，累计投入 1600 余万元，完成 12 个行政村改水工程，新建污水处理厂 1 座，灵活设计、新建、改造污水管网 14 千米。给予每户 2000 元补助，鼓励群众进行"旱改水"，累计拆除旱厕 316 座，完成改厕 451 户，新建公厕 12 座，实现行政村公厕全覆盖。在处理利用方面，厕所粪污经化粪池沉淀后，粪液通过管网收集进入村级污水处理设施，处理后达标排放或浇灌利用。在运行维护方面，乡级领导直接抓，村、组两级配合管，全乡聘用 55 名保洁员。将改厕改水工作列入各村年终绩效考评，对整治效果明显的村给予奖励，奖励金额为 6 万～10 万元，实现管护常态化。该模式彻底改变了农村粪池朝天现象，明显提升了农民群众健康文明意识，形成了"人人参与改厕改水，建设美丽幸福新泗桥"的浓厚氛围，农村人居环境面貌大幅改观。

第三节　湖南衡阳"三格式化粪池＋人工微湿地"

2021 年 7 月 23 日，全国农村厕所革命现场会在湖南衡阳召开，衡阳农村改厕工作经验在会上被推介。2018 年以来，衡阳市大力实施农村人居环境整治三年行动，把改厕工作作为农村人居环境整治的突破口和切入点，采用"三格式化粪池＋人工小微湿地"模式，推进全市农村改厕工作。全市完成农村改厕 24.28 万户，农村无害化卫生厕所普及率达到

90％以上。

一、改造模式

在生态敏感地区采用"三格式化粪池＋小型人工湿地"模式，在居住密度较大地区采用"小型污水处理设施＋纳入污水管网"模式，在分散居住地区采用"小菜地就近消纳"模式。

二、改造特色

衡阳将农村改厕全过程分解为宣传发动、组织筹划、项目准备、工程实施、项目验收、项目运维和监督检查等7个阶段，并细化为18个步骤72个要点，逐一建立标准化操作规范，形成全过程质量控制体系。

（一）宣传先行

通过发放"政策明白卡"、召开村民会议、"屋场恳谈会"、利用村村响广播等方式广泛宣传农村改厕政策。全市共发放"政策明白卡"20万份，让老百姓充分知晓改厕目的、意义和政策，有效调动了群众参与改厕的自觉性、积极性和主动性，由"要我改"到"我要改"的转变。

（二）根据乡村实际，合理选择改厕模式

一般采用三格（四格）式化粪池，实行"分户改造、集中处理"与单户分散处理相结合，统筹推进农村厕所粪污治理与农村生活污水治理；对山区及人口较分散的村庄，因地制宜采用生物-生态处理系统，建设三格化粪池＋人工小微湿地，利用水土要素及植物群落吸附消纳粪污水，使粪污水处理得以低成本、高效率、易管理。

（三）严把改厕质量

建立首厕过关机制，按照农村改厕统一的质量目标要求，科学确定改厕模式、工程施工总承包方式、工程监理及运维方式，建立全过程的质量控制体系，形成一整套规范的农村改厕模式并实践于第一个厕所，经过实地验证切实可行后再整体推进的工作机制，确保正常使用并发挥粪污无害化处理功能，确保改一个、成一个、带一片。

（四）注重群众参与

始终把群众参与贯穿农村改厕全过程的各个环节，对农村改厕化粪池产品进行统一招标采购，评标过程要有群众代表，产品的试用评价由群众说了算；全市各级都建立了由乡镇政府主管、第三方监理、村民代表监督的全方位监管体系；验收组必须有群众代表，把群众满意不满意

作为验收是否合格的最终评价标准。

"三格式化粪＋人工湿地"（图7-4）为区域改厕的主要方式，这一模式占地面积小，无须动力介入，运维费用少（图7-5）。生活污水经厌氧池发酵，有机物被分解成二氧化碳和水，含氮、氨的水体腐殖质等进入湿地后，被根系发达的美人蕉"过滤"（图7-6）。一套流程走下来，水由浊变清。处理后的水可以浇花，可以外排。每家改造的户厕外还修建了三格式化粪池（详见第二章），能够有效控制污水处理及排放，去除臭味的同时还能减少粪便对水体的污染。厕所过滤池由沉淀池、发酵池、蓄粪池3格组成。屋内厕所污水经过粪污沉降、厌氧消化等程序，去除和杀灭寄生虫卵等病原体，可实现对粪污无害化处理与蓄积。

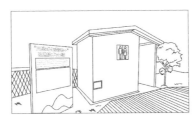
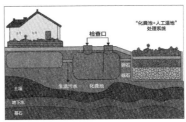

图7-4 三格式化粪池＋人工湿地

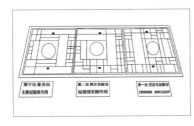
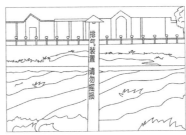

图7-5 三格式化粪池

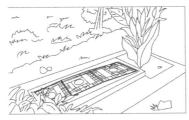

图7-6 厕所化粪池＋美人蕉绿化

三、台源镇东湖寺村

将农村人居环境整治导入银行管理模式，建立"厚德同心积分银行"（图 7-7），把改厕工作纳入积分管理，对农户积极参与改厕的给予加分，改厕定期清掏、定期运维、参与公厕管护的给予加分，否则扣分（图 7-8）。农户以积分兑换实物，以积分评"文明户"等荣誉。通过积分奖惩，村民养成自觉改户厕、管户厕、粪污资源化利用的良好习惯。2019 年以来，全村改造无害化卫生厕所 282 个，建公厕 4 座，全面消除了露天粪坑，全村卫生厕所普及率 100%。在改厕的带动下，农户改善人居环境的积极性空前高涨，人居环境全面改善。

图 7-7　东湖寺村"厚德同心积分银行"　图 7-8　东湖寺村改厕操作流程图

以农村厕所革命为契机，当地加快完善农村基础设施和公共服务，为乡村产业发展夯实基础。常宁市罗桥镇庙山依托田野休闲农牧有限公司，建设"百万樱花园"项目，让村民吃起旅游饭；衡阳县台源镇东湖寺村引进安发原生态农业旅游公司，流转数千亩水塘种植湘莲（图 7-9），吸纳当地村民务工就业，带动村民致富；石鼓区角山镇旭东村的"美丽蝶变"吸引乡贤梁光寰回乡，创办起香樟苑生态农业公司，将旭东村打造成以有机种植、生态养殖为核心，以乡村旅游为主题，以田园体验、休闲度假、养生养老为功能的生态休闲基地（图 7-10、图 7-11）。

图 7-9　因改厕而扩大种植的乌莲

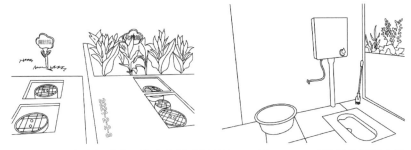

图 7 - 10 农户家新建的三格式化粪池隔油池　　图 7 - 11 改造后的厕所内部

第八章　国内外农村厕所维护管理案例

近年来，国家推动建设美丽乡村的步伐，对人居环境和厕所建设的改造投入了更多的关注。农村厕所的建设在一定程度上反映了村民的幸福感，是乡村文明建设的标志。在农村厕所修建如火如荼的浪潮里，关注的焦点慢慢转向了厕所建成之后的维护和管理。在这一方面，国内和国外有很多值得我们参考的优秀案例，这些案例里面有丰富和深刻的农村厕所运行维护管理的经验，如宁夏和浙江常山农村户厕、加拿大公共厕所和日本的农村厕所。在振兴乡村的过程中，生态振兴是其中的重要方向，实现全国农村"厕所建设"任重道远，厕改之路需要社会各界协同合力支持。"厕所建设"应结合中国农村实际，吸收国外协同治理的先进经验，从治理主体、治理重点和治理方式等方面深入落实，从而达到改进目的。

第一节　宁夏农村厕所"数字化"维护管理

在宁夏农村的运维管理案例中，其最主要的特点就是建立了宁夏环保集团农村改厕及污水处理运营管理服务平台调度中心，在这个中心平台上，我们可以看到很多的实时数据，通过这些数据我们可以及时了解兴庆区和贺兰县农村集污池的现场状态，包括设备故障、巡检次数、处理工单、车辆拉运次数、预警信息等。在实际的管理实施中，如果大型的集污池废物满了，平台就会及时发出预警信息来提醒废物已经达到了预警液位，在预警信息发布之后，管理中心的工作人员（图 8 - 1）会立刻到达现场进行排污和清运工作。

此外，还有一些户厕因为使用单户一体三格式化粪池，还没有实现预警功能，这部分的厕所维护则需要村民采用自己电话和微信公众号报备的功能联系调度中心工作人员，再由工作人员安排清运人员进行粪污的清理与厕所的维护。采取这样的方式，给一些只有留守儿童和老人的家庭提供了很大程度上的方便。到现在，兴庆区和贺兰县已经有 1 万多所水冲式厕所纳入智慧平台，其中包括了 9 个乡镇 45 个行政村，惠及 3 万多群众。在整个银川市的农村户厕改造中，已累计完成农村户厕改造 151 652 座，农村卫生厕所普及率达高达 89.5％。农村厕所逐步由建设转向日常的维护和管理，宁夏各地也更加积极探索更为先进和高效的农村厕所运行维护的方法，让村民用得放心、舒心，提升村民幸福感。

图 8-1　工作人员施工图

通过数据收集和数据分析，在农村污水处理问题上实现互联互通、科学调度，银川农村污水实现智能化管控，充分发挥"互联网＋厕所维护"应用便捷性，实现厕改全流程管控，厕改管理规范化、整体化、资源化和智能化水平得到进一步提升。

第二节　浙江常山厕所"所长制"维护管理

常山县隶属浙江省，位于浙江省西南部，其中农村人口 29 万余人，占全县人口总量近 85％。在农村厕所的改造上，该地区全面实现了帮助困难户改厕和去除旱厕两大目标。在很大程度上给村民提供了方便，提升了村民的幸福感。在具体的维护和管理的过程中，主要采用了公厕所长制和一系列维护管理的措施，多管齐下，维护管理的效果显著提高。

一、公厕所长制

常山地区为了改变农村公共厕所"脏乱差"的现状，在全省大力推行的"河长制"中吸取经验，建立了常山特色的"所长制"体系（表 8-1）。该制度形成了"县乡村三级联动、乡镇部门紧密配合"的工作体系，做到了一个厕所一位负责人，责任负责人全地区覆盖的模式。通过这样的责任划分，以及后期进行的每日巡逻，定期考核，大大提升了公厕维护管理的实际效果和效率。同时还树立典型，对做得好的负责人进行定期评比和奖励。

表 8-1   所长制职位对应一览表

县级	
县委书记	全县公厕总所长
县委副书记	乡村公厕总所长
乡镇	
乡镇党委书记	集镇公厕所长和辖区公厕总所长
村支书	村公厕所长

二、建设规划

乡村厕所建设的最终目标是建设干净整洁的卫生环境以及改善村民的生活条件，所以公厕的建设以及后期的维护和管理十分重要，在这样的建设愿景上，常山公厕做到了"麻雀虽小，五脏俱全"的设计效果。

在公厕空间的设置中（图 8-2），除了男女厕所，还有专门的工具间、管理间和多功能厕所，除了在一般厕所中设置扶手、警报器等无障碍安全设施，在多功能厕所中还设置了提供给母婴、残障人士等特殊群体的专门设备，如搁物板、坐便器等。通过功能的拓展为如厕群众提供舒适舒心的如厕环境。如在新昌乡郭塘村新建的公厕坐落在村主道旁，每当走进公厕时，轻柔舒缓的音乐随之响起，干净整洁的洗手台、生机盎然的植物和方便好用的公共设施让人身心舒畅。

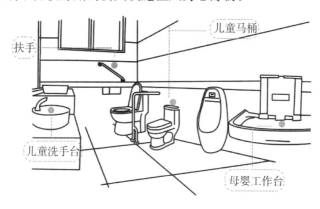

图 8-2 公厕内部设施

在农村厕所的维护管理中，常山地区政府坚持为使用者设计，不建造高大上的形式公厕，反而实事求是，结合地区村民特点，加大维护管理的投入，量力而行，尽力而为，合理布点，理性投入。农村公厕建设要求做到"六不"（表8-2）。

表8-2 **"六不"污染控制、无异味**

不臭	环境卫生、不放杂物
不脏	简约美观、环境协调
不难看	路口指引、临近引导
不难找	数量满足、布局合理
不排队	布局合理、优质服务
不收费	免费设施、免费开放

三、修建标准

常山地区有深厚的人文资源和独具特色的自然景观，乡村旅游正在常山如火如荼地开展，旅游公厕是乡村旅游的重要基础设施，更是展示农村形象的大好窗口。常山地区在考虑功能性的基础上还结合地区人文环境和自然资源的特点，结合旅游公厕旅游属性的需要，建设地区特点突出的旅游公厕。在塔山脚下的翠柏修竹间，有一座古色古香的徽派公厕（图8-3）。来塔山玩的游客都以为这是一个景点，走近一看却是厕所。如今，常山一座座美丽的公厕成了当地乡村旅游发展的亮丽名片。常山不仅让旅游公厕"从无到有"，还让公厕"从有到优"，达到"一厕一风情、厕厕成风景"的效果。

在旅游公厕的具体设计和建设上，因地制宜采用浙派、徽派、现代等建筑设计，形成了别墅式、田园风、水岸船形等多元风格，凸显地域特色。其中，江源村旅游公厕没有从无到有地进行修建，而是在村民废弃房屋的基础上，结合常山地区特色材料进行设计，不仅借用了老房屋得天独厚的地理优势，而且还节省了一定的建造成本，同时展现了江源村的村容村貌。

另一方面，在旅游公厕建造基础上融合地区特色元素，让厕与景相互呼应，相得益彰，别具风味。其中，长风村在全村建筑外立面改造时，将公厕一并设计到位，以黑白灰为主色调，仿照徽派建筑风格，让小小厕所和特色民居巧妙地融为一体。在细节上重点考量，采用当地竹木、老物件、常山石、胡柚、山茶等当地特色主题元素进行装饰。

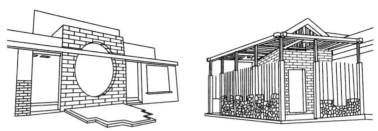

图 8-3　徽派厕所

四、经济扶持

常山县政府加大财政支持，县财政从美丽乡村建设资金中连续 3 年、每年拨付 1500 万元专项用于厕所建设，让厕所的建设和后期的维护管理有了保证，在县财政资金支持保障下，常山公厕外观、设施有了质的飞跃，后期维护管护秩序井然。除了建设污物信息调度和清运中心、制定厕所维护管理标准，还给每一个公厕安排了一位保洁员，不仅使公厕的公共卫生得到了保证，还一定程度上提供了就业岗位，实现对公厕的常态化维护。

根据常山县经验，公厕"所长制"的工作机制实现了上下联动、上传下达和有效反馈，高效地协调了各部门工作，有效防止了扯皮、推诿等问题，为全省全面深化改革提供了最佳实践案例。第三卫生间的设置方便了特殊群体的需求，提升了使用者的便捷性和幸福感。常山农村公厕内外多采用当地竹木、老物件、常山石、胡柚、山茶等当地特色主题元素进行装饰，使市民倍感亲切的同时，又让游客了解了常山的文化和自然特色，显著提高了农民群众的获得感、幸福感。多渠道资金保证为厕所的后期维护和管理提供了资金支撑。以上常山多渠道的厕所运维管理经验值得我们借鉴和学习。

第三节　加拿大公厕"行政式"维护管理

加拿大的公厕免费开放相当彻底，厕所无人看守，公厕里的所有设备与用品都是免费供应。厕所比较卫生、整洁、温暖，其干净程度可以把自己的衣服或提包放在地上。其中大部分都能达到星级饭店的厕所标准。加拿大的公厕管理主要以公共财政投入为主，以出租资源为辅，真正实现公共财政加出租资源的模式。加拿大的公厕广告收入可以支付人员工资和购买部分厕所用品，人流量大的城区，政府基本不需要出资。政府需要投入的基本是人流量较小的郊区。

在管理上实现片区管理制度，公厕在谁的行政管辖范围内，就由那里的管理部门对公厕实行统一标准化的管理，这些管理人员都是实行定时管理制度，根据人流量的统计样本，每隔几小时就要来查看公厕内的物品使用情况，更换卫生纸等物品，清洗赃物，拖地板等，随时维持公厕的清洁卫生。公共管理部门巡视车随时在大街上巡查，一旦有人举报或发现公厕未按照标准来执行，将扣掉部分薪水。

加拿大在厕所的建设、管理和使用方面，重视协调社会各方力量的参与和厕所这一公共卫生资源的共享。多渠道、多主体和重细节的厕所维护管理经验值得我们借鉴和学习，采取一定的惩罚措施，也在一定程度上保证了厕所维护的监管。

第四节　日本农村厕所"参与型"维护管理

在日本农村厕所改造和建设中，其最突出的特点是对厕所维护管理中出现的问题的解决以及对现有厕所基础性条件的升级。重点将农村户厕定位在"改善生活"的高度，有计划、有目的地推动了改良过程。厕所及其周围环境改善的主要目标为：①减少传染病，尤其是粪口传染病，特别是伤寒、痢疾等。②减少寄生虫病，特别是蛔虫病和钩虫病。③逐步将重点转移到生活的现代化与合理化。

在农村厕所的基础性条件改造的升级中主要包括：①便池和贮留方法，要求使用改良便池以及净化槽等。②便池清除方式从掏取式变为水洗式。③厕所从户外变为设置在户内。通过这一系列方法的实施，1965年以后的生活改善运动全面引入水洗化厕所，1980年普及率达50%以上，2001年之后普及率达85%以上。此外，日本政府还推行了一系列厕所环境改善运动（表8-3），如灭杀蚊蝇的卫生运动、改善生活运动和学校家庭项目等。"居民参与型"卫生改善行动，要求各家庭主动采取措施，政府发放一定的硬件补助金，但大部分由居民自己负担。在日常生活中要求对厕所及时清扫，并喷洒杀虫剂。

表 8-3　　　　　　　　**在日本推进卫生改善的方法及其特征**

灭杀蚊蝇的 卫生运动	以地区为单位达成目标、地区内各种组织的协同合作
	行政机构的技术援助
	多方面发起运动
	能够切实感受到行动成果的详细记录和评价
改善生活运动	培养扎根于地区的普及辅导员（改善生活推广员）
	制定对生活改良普及辅导员进行切实支援的制度
	从"能做到的事情着手"重点下功夫
学校家庭项目	以身边生活为题材推行学生进行调查和实践
	课外俱乐部活动和设施设置的充分结合
	设施改造效果展示

日本厕所卫生改善过程分类管理细致，民众积极参与执行管理，是世界公认的成功典范。日本与中国的农业农村组织结构以及文化习俗高度相似，都是以家庭经营为主体的小农国家，借鉴其"厕所改造"和"卫生行为"等改善措施，有助于全国农村"厕所革命"行动的深入实施。